国家出版基金项目
NATIONAL PUBLICATION FOUNDATION

祁门红茶史料丛刊

第七辑（茶商账簿之二）

康健◎主编
王世华◎审订

安徽师范大学出版社
ANHUI NORMAL UNIVERSITY PRESS
·芜湖·

图书在版编目(CIP)数据

祁门红茶史料丛刊.第七辑,茶商账簿之二 / 康健主编.— 芜湖: 安徽师范大学出版社,2020.6
ISBN 978-7-5676-4604-9

Ⅰ.①祁… Ⅱ.①康… Ⅲ.①祁门红茶-贸易史-史料 Ⅳ.①TS971.21

中国版本图书馆CIP数据核字(2020)第077034号

祁门红茶史料丛刊 第七辑(茶商账簿之二)　康 健◎主编　王世华◎审订
QIMEN HONGCHA SHILIAO CONGKAN DI-QI JI (CHASHANG ZHANGBU ZHI ER)

总 策 划: 孙新文　执行策划: 吴顺安　李慧芳
责任编辑: 吴顺安　李慧芳　责任校对: 蒋　璐
装帧设计: 丁奕奕　责任印制: 桑国磊
出版发行: 安徽师范大学出版社
芜湖市九华南路189号安徽师范大学花津校区
网　　址: http://www.ahnupress.com/
发 行 部: 0553-3883578　5910327　5910310(传真)
印　　刷: 苏州市古得堡数码印刷有限公司
版　　次: 2020年6月第1版
印　　次: 2020年6月第1次印刷
规　　格: 700 mm × 1000 mm　1/16
印　　张: 17.5
字　　数: 325千字
书　　号: ISBN 978-7-5676-4604-9
定　　价: 56.00元

凡　例

一、本丛书所收资料以晚清民国（1873—1949）有关祁门红茶的资料为主，间亦涉及19世纪50年代前后的记载，以便于考察祁门红茶的盛衰过程。

二、本丛书所收资料基本按照时间先后顺序编排，以每条（种）资料的标题编目。

三、每条（种）资料基本全文收录，以确保内容的完整性，但删减了一些不适合出版的内容。

四、凡是原资料中的缺字、漏字以及难以识别的字，皆以□来代替。

五、在每条（种）资料末尾注明资料出处，以便查考。

六、凡是涉及表格说明“如左”“如右”之类的词，根据表格在整理后文献中的实际位置重新表述。

七、近代中国一些专业用语不太规范，存在俗字、简写、错字等，如“先令”与“仙令”、“萍水茶”与“平水茶”、“盈余”与“赢余”、“聂市”与“聂家市”、“泰晤士报”与“太晤士报”、“茶业”与“茶叶”等，为保持资料原貌，整理时不做改动。

八、本丛书所收资料原文中出现的地名、物品、温度、度量衡单位等内容，具有当时的时代特征，为保持资料原貌，整理时不做改动。

九、祁门近代属于安徽省辖县，近代报刊原文中存在将其归属安徽和江西两种情况，为保持资料原貌，整理时不做改动，读者自可辨识。

十、本丛书所收资料对于一些数字的使用不太规范，如“四五十两左右”，按照现代用法应该删去“左右”二字，但为保持资料原貌，整理时不做改动。

十一、近代报刊的数据统计表中存在一些逻辑错误。对于明显的数字统计错误，整理时予以更正；对于那些无法更正的逻辑错误，只好保持原貌，不做修改。

十二、本丛书虽然主要是整理近代祁门红茶史料，但收录的资料原文中有时涉及其他地区的绿茶、红茶等内容，为反映不同区域的茶叶市场全貌，整理时保留全文，不做改动。

十三、本丛书收录的近代报刊种类众多、文章层级多样不一，为了保持资料原貌，除对文章一、二级标题的字体、字号做统一要求之外，其他层级标题保持原貌，如“（1）（2）”标题下有“一、二”之类的标题等，不做改动。

十四、本丛书所收资料为晚清、民国的文人和学者所写，其内容多带有浓厚的主观色彩，常有污蔑之词，如将太平天国运动称为“发逆”“洪杨之乱”等，在编辑整理时，为保持资料原貌，不做改动。

十五、为保证资料的准确性和真实性，本丛书收录的祁门茶商的账簿、分家书等文书资料皆以影印的方式呈现。为便于读者使用，整理时根据内容加以题名，但这些茶商文书存在内容庞杂、少数文字不清等问题，因此，题名未必十分精确，读者使用时须注意。

十六、原资料多数为繁体竖排无标点，整理时统一改为简体横排加标点。

目　录

一 高塘约松杉茶厘会底簿

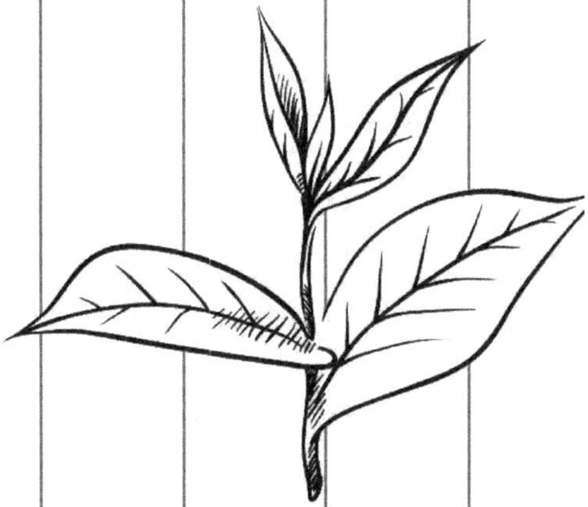

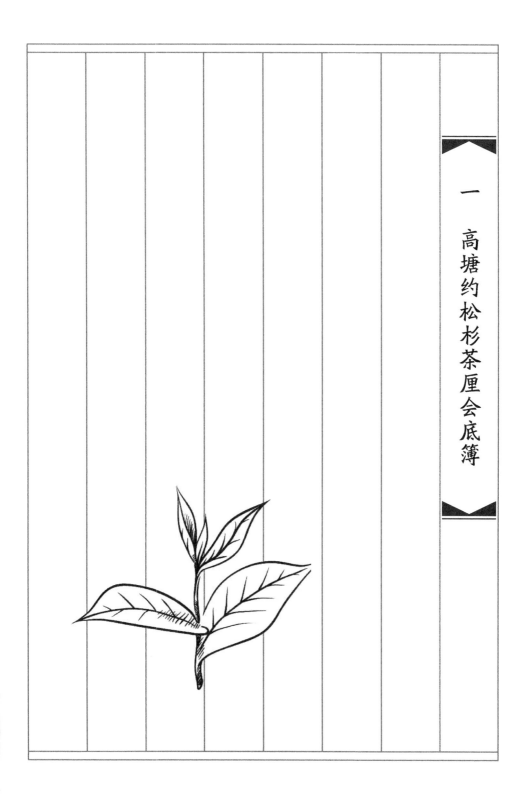

高塘約松杉茶厘會底簿

光緒十二年仲秋 衆立

[illegible]號公簿復本堂收

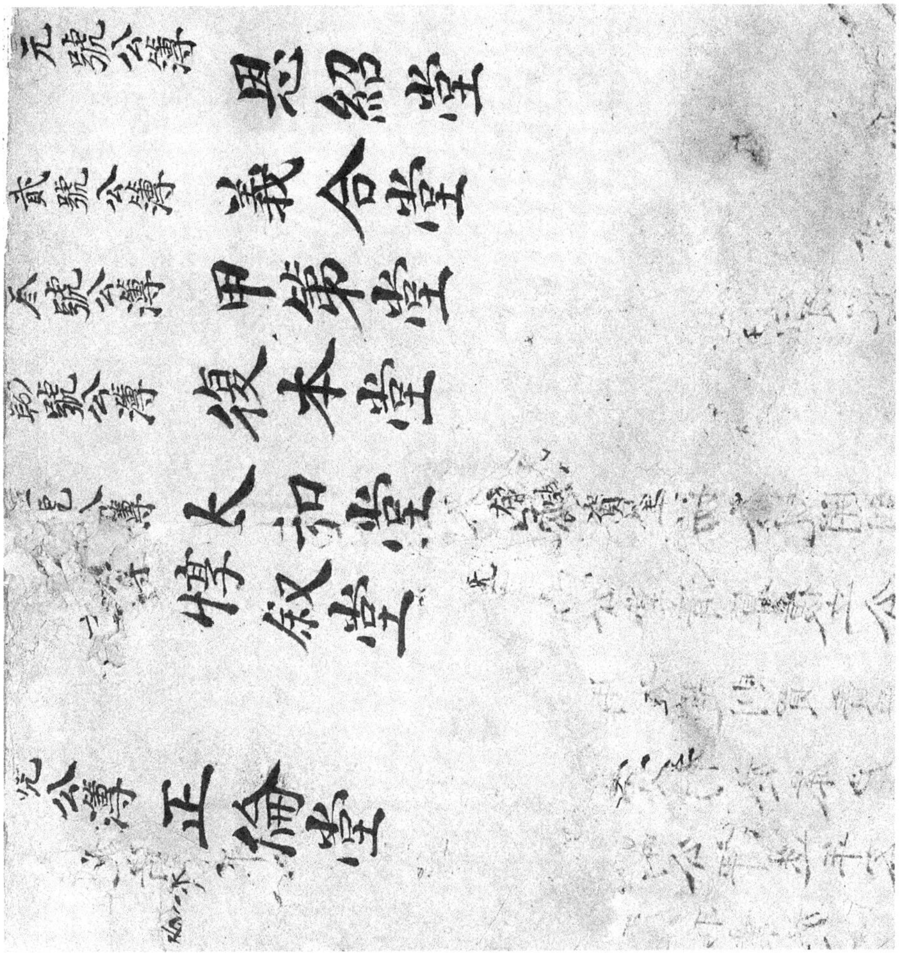
元號分簿 思紹堂
貳號分簿 義合堂
叁號分簿 甲第堂
肆號分簿 復本堂
伍號分簿 大訓堂
陸號分簿 惇叙堂
柒號分簿 正倫堂

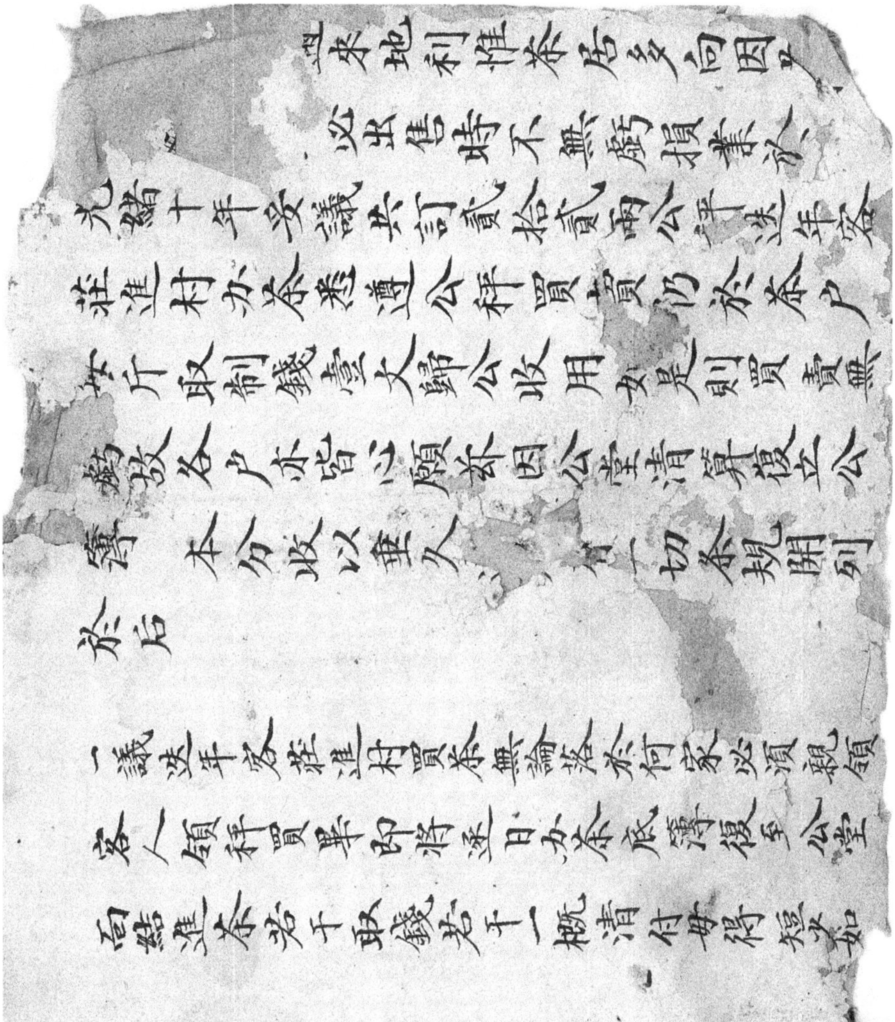
迺來地利惟茶居多向因
必出售時不無虧損業於
光緒十年妥議共訂貳拾貳兩公秤迭年客
莊進村办茶悉遵公秤買賣仍於茶戶
每斤取制錢壹文歸公收用如是則買賣無
虧故各戶亦皆心願亦因公堂清算復立公
簿 本分收以垂久[illegible]有一切條規開列
於后
一議迭年客莊進村買茶無論落於何家必須親領
客人領秤買畢即將逐日办茶底簿復至公堂
面結進茶若干取錢若干一概清付毋得短少如

有違期并隱瞞不交者加倍罰出

一議公秤領去者理宜親手奉還毋得轉付他人如有失落即坐領去者賠賞洋蚨壹元

一議迭年所收客莊代取茶户秤錢若干開支若干經手者理宜逐一載明以備查考　表清白

一議自今以後會內所有餘資除置田租外或議存於何人處公封公鎖概無典當以免拖累

一議司事者迭年期於六月初一日至正倫公堂向衆清算如有於中取利隱匿徇情等弊一經查出亦當照數加倍罰出

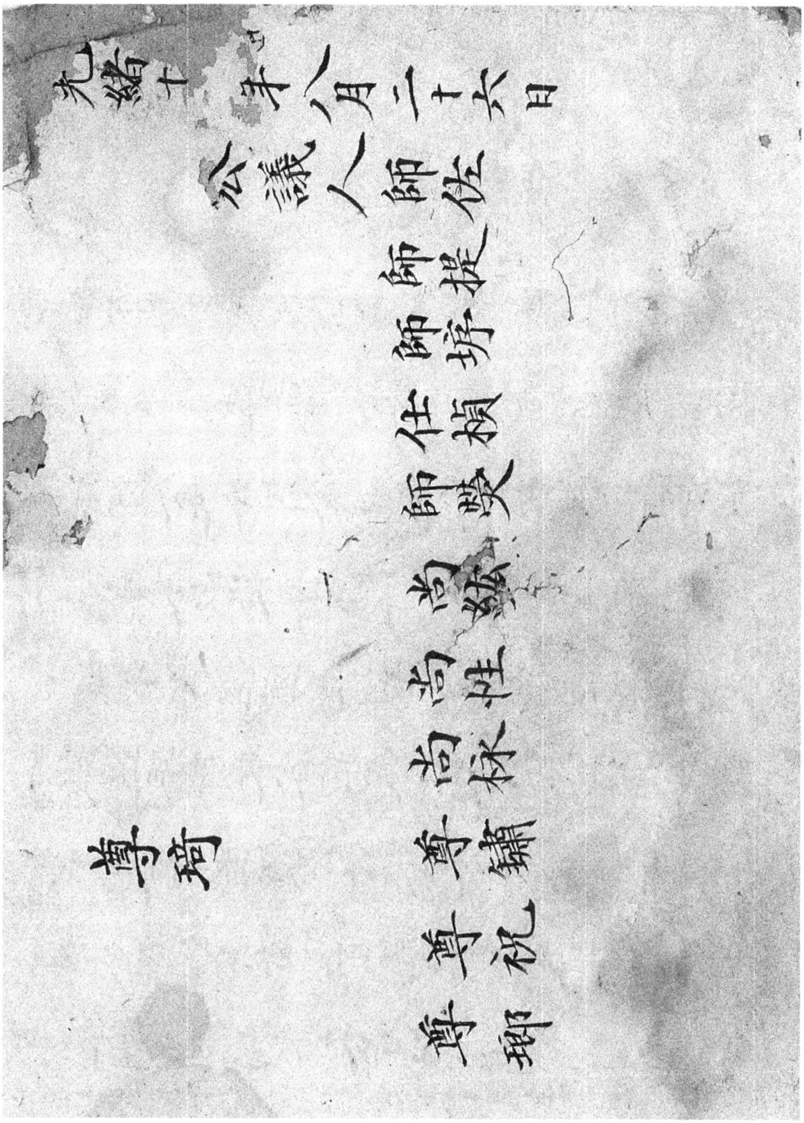
光緒十年八月二十六日
公議人 師佐 師提 師撈 仕榜 師雙 尚錢 尚性 尚標 尊鏞 尊祝 尊卿
尊榜

尊閑 尊淳 和忠 尊銀 秉禮 志翬 邦誕 志晟 貞曦 用心 用堅 志坪

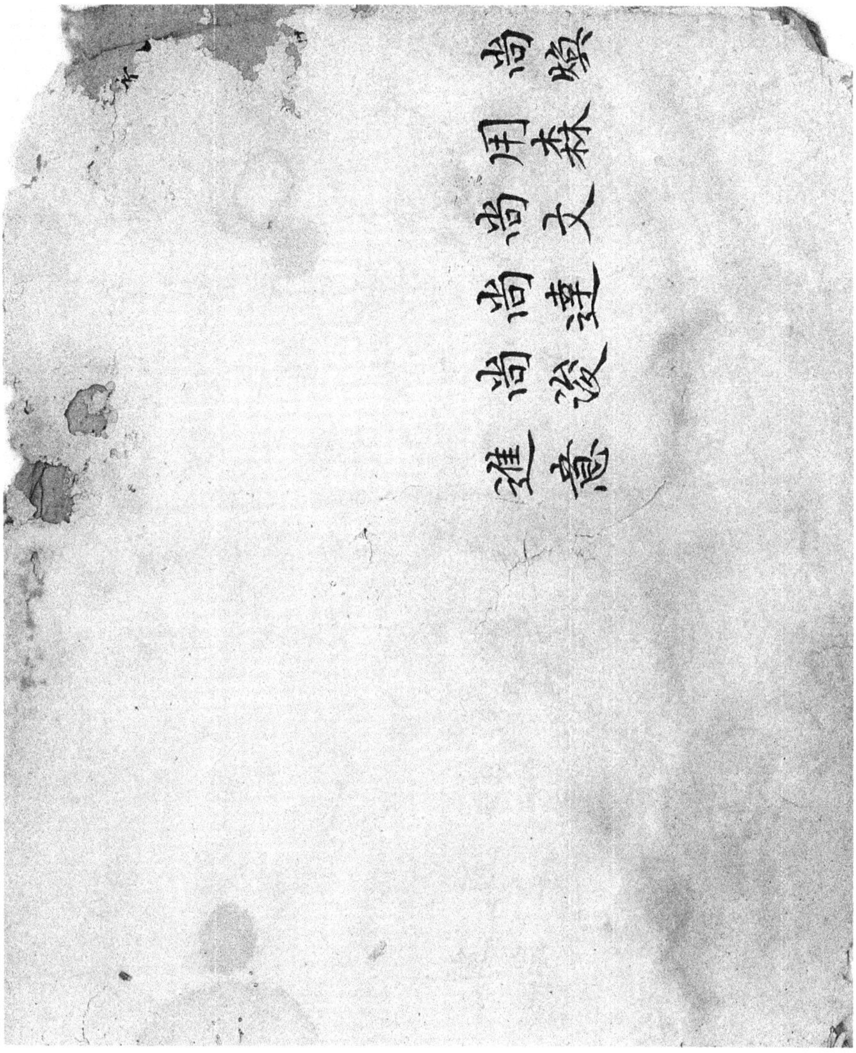
尚燦 用森 尚文 尚達 尚發 進意

将已買　開列於后

立賣契人洪村族尚潤原承祖遺一備土名比坑構
坵全大租拾貳秤又全小租貳秤捌斤計田大小三
坵今因錢文無措自願托中立契出賣與萬
聽照松杉會內為業當日面言定價洋三
拾六元正在手足訖其田未賣之先並無重互等
情所有來歷不明俱身自理不干買人之事自
賣之後聽憑業主另佃他人自耕無異說恐口無
憑立此賣契永遠存照

內批粮稅照依原户□□二□二圖の甲字號户在例
糧下推过只收
又批計稅事畝□列

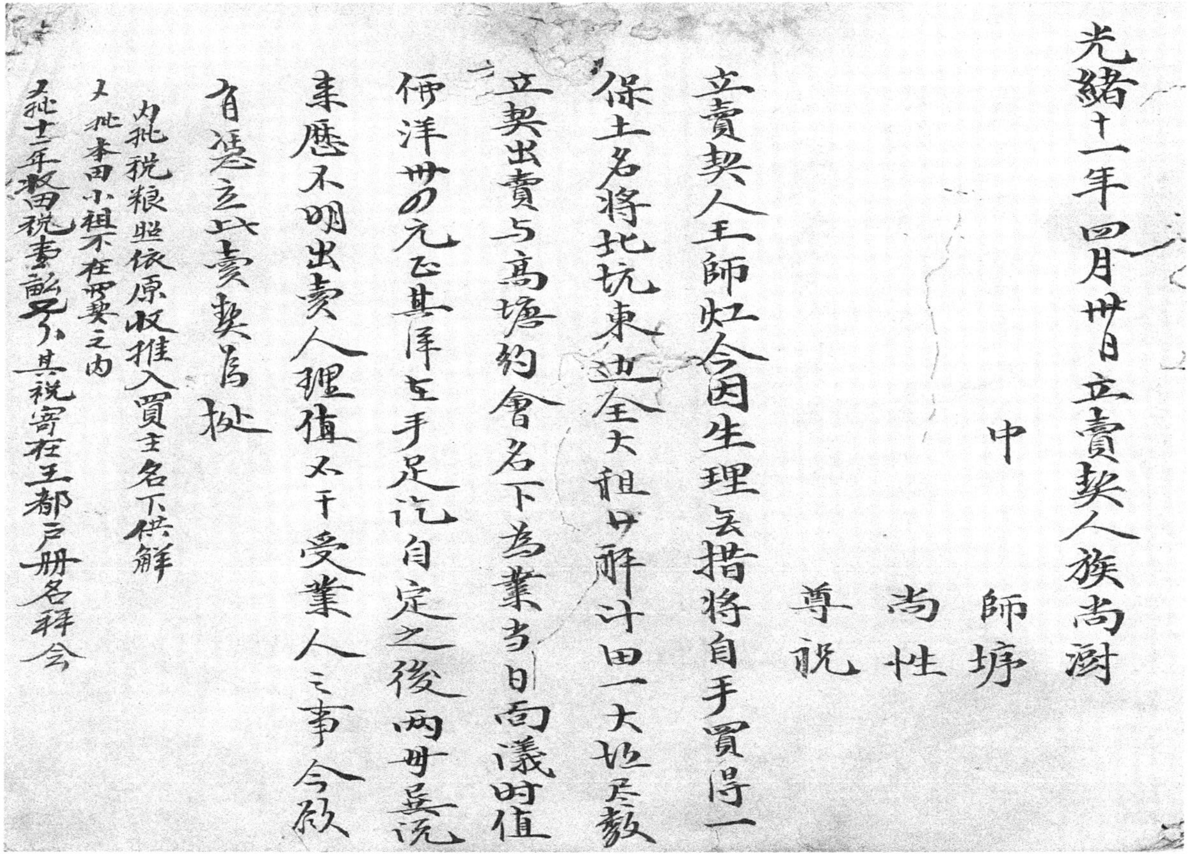

光緒十一年四月廿日立賣契人族尚澍

中 師埗

尚性

尊說

立賣契人王師灶今因生理無措將自手買得一

保土名將北坑東边仝大祖田解計田一大丘尽數

立契出賣与高塘約會名下為業當日面議時值

価洋卅四元正其洋左手足訖自定之後兩毋異說

來歷不明出賣人理值不干受業人之事今欲

有憑立此賣契爲據

內批税粮照依原收推入買主名下供解

又批本田小祖不在此契之內

又批十二年收田税壹畝五分其税寄在王都戶册名拜会

立卖契人族内长孙今因支用无措，自愿托中将
本都一保土名岭背滩早租壹砠，计田壹坵，共大
租弍丛，共小租六砠，本位合得大小租壹半，立
契尽数出卖与真壤约松彤会内为业。当
日面议时值价洋蚨廿八元正，在手足讫。其租
来历不明，出卖人自理，不干受业人之事。恐
口无凭，特立卖契存照。
内批：税粮照依原额推扒供解，十二年收田税九分二厘五毛，其税言在十首尊

光绪十一年八月廿四日 立卖契人 王师灶

中 师塝
师樊
尚性
尚梾

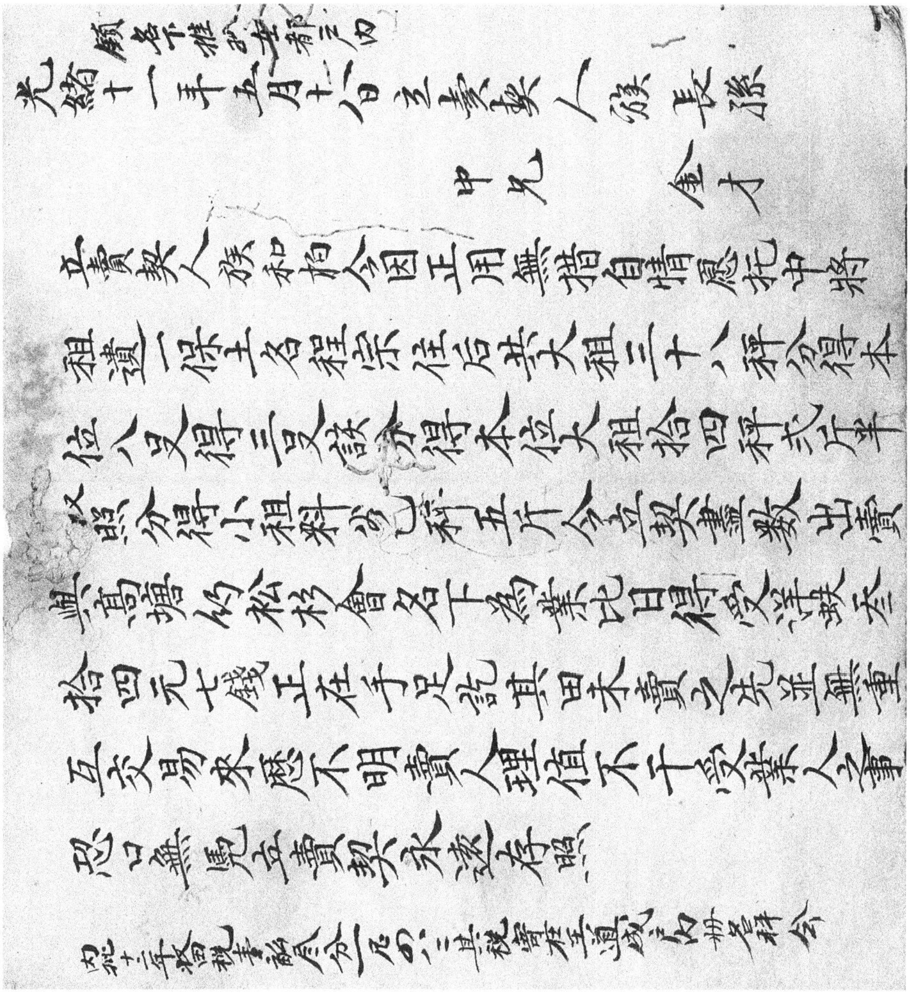

立賣契人孫和裕今因正用無措自情愿托中將
祖遺一保土名程宗塢后共大租三十八秤分得本
位八又得三只又該分得本位大租拾四秤弍斤半
又照分得小租料分己秤五斤今立契盡數出賣
與高塘約松杉會名下為業比日得受價洋銀叁
拾四元七錢正在手足訖其田未賣之先並無重
互交易來歷不明賣人理值不干受業人之事
恐口無憑立賣契永遠存照。
内批十三年收回租壹秤合分一斤四八三其從當年起過戶入册名科分

額名下推收出冊三四
光緒十一年五月十八日立賣契人孫長淼
中見金才

光緒拾弍年八月二十日立賣契人族和栢
中 師埲

一將已典當契批開列于后

立當字人占村族王尚文今因正用無措自情愿
托中將祖手遺得一保土名池州塢大租拾秤又
本田小租弍秤共大小租拾弍秤計田四坵全業
立契出當与本都高塘約松杉會名下為業
比當得洋蚨五元正其洋迭年臨田監交加五
秤準利不得拖欠短少如違任憑約內推稅
管業身無異說恐口無憑立此當契為批

光緒拾年五月十二日立當字人族尚文
中見代筆房叔用昌
胞叔用柏

立當契人王映南今因支用無措自愿托
中將 祖父手分得一保土名舉目南冲共
大租叁拾叁秤計田拾坵分本位得大租拾叁
秤五斤内取拾秤出當与本都髙塘約松杉
會名下為業比當得洋蚨拾元正其洋蚨迭
年臨田監交出拾秤準利不得拖欠短少如違
任凴約内推税管業身無異説日後洋到
到契還不得执留恐口無凴立此當契為拠
光緒十年閏五月十六日立當契人王映南
中見房姪王焕邦

立當字人族王得新今因正用無措自情愿
托中將一保土名塘合塢全業大租拾叁秤又
本田小租叁秤計田壹坵共大小租拾六秤尽
數出當與本都高塘約松杉會名下為業比
當得洋蚨拾元正其洋迭年臨田監交谷拾
秤準利不得拖欠短少如違任凴約内推税
管業身無異説恐口無凭立此當契為拠
光緒拾年五月拾六日立當字人族王得新
中族姪和忠

立當字人和垌今因正用無措自愿將父手
遺得一保土名北冲塢全大租拾秤計田叁坵
迭年硬交租秤谷九租六斤尽數立契出當

與高塘約松杉會名下為業當得洋蚨拾
元正在手足訖其洋侭期秋收前取續如違
任凴收谷準利不得短少恐口無凴立此當字
為拠

光緒十年五月十六日立當字人和垌
中族兄 和忠

立出典契人族和茂今因用度無措自托中
將祖遺分得九保土名余嶺降共大祖九拾叁秤
本位得九叉之一族得祖八秤四斤勻侭數立契
出典与高塘約松杉會名下為業比日得受
洋錢五元正迭年臨田監交谷五秤不得短

少如違听凴推稅管業無得異說恐口無凴
立此典字存拠
光緒拾壹年十二月拾九日立出典契人族和茂
中 族公尚性

立出頂字人族尊初今因用不足自愿將一
保土名井塢熟地茶蔸山鬮分一半立字出
頂与正倫堂松杉會名下為業比頂得厘錢貳
千文正其錢尽期來年四月内老利一併歸清
如違任凴會衆另佃他人與種採摘身無異言
恐口毋凴立此出頂字存照
光緒拾弍年八月二十六日立頂字人尊初

十三年七月初二日由手秦同

立出頂契人族師燮今因正用無措自將原頂得王氏評茶葉山臺號計價洋蚨弍拾捌元今立契出頂與高塘約松杉會名下為業比日得受洋蚨弍拾元在手足訖其洋面訂明年茶市之際老利一併歸清即將原契繳回如違听凴會内另佃他人與種採摘身毋異說恐口無凴立此出頂字存照

光緒拾弍年八月十七日立出頂契人族師燮

十三年七月初二日由國廿天秦同

光緒十二年買受田契列后

立賣契人王尊僚今因乏用无措愿将自手買得一保土名北冲塘口共大租十九秤计田二坵分得本位大租又秤尽数立契出賣與高塘约会名下為業當日面議时值價洋十三元乏其洋当日在手足讫未歷不明出賣人自理不干受人之事今欲有憑立此賣契為據

内批税粮照依原册在九甲王都户的名松名下推税八分五厘另毛九系另忽厂高塘约会供解

去除只此再批

光緒十三年六月初十日立賣契人王尊僚

中 王于廷

立賣契人和林今因正用無措自愿将自手
買受得一條土名郑家塢口大租十三秤又本
田料出十三斤分得本位大租八秤五斤又将
料出八斤半計田三坵尽數立契出賣与高
塘約松杉秤会名下為業當日言议时值價
洋十八元正在手足讫其田未賣之先並無重
互交易来歷不明出賣人自理不干受買
之事今欲有凭立此賣契存照
内批粮税八分八厘八毛八系八忽在二啚八甲王
道成户和林名下推扒
光绪十三年正月初二日　立賣契人和林

立頂字人族尚椂今因正用無措自愿將自
手承父開墾一伻土名馬坑塘背後茶萪山
壹号尽數立契出頂与高塘約松杉名下
当大錢三千文正在手足訖其茶萪未頂之
先並無重互交易來歷不明出頂人自理不
干受頂之事今欲有憑立此頂字存照
内批準期來年四月老利取續違期任憑另佃
他人身無異説
光緒十三年七月初二日立頂字人族尚椂
憑親房付子英同

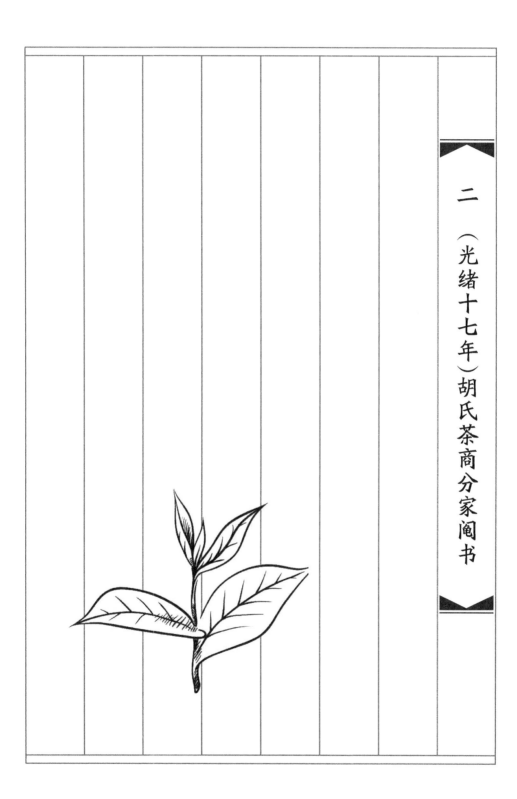

二　（光绪十七年）胡氏茶商分家阄书

立主分阄合文胡阿余氏同孀倪氏缘氏夫兄弟二
人氏夫雲標居伯叔士銘居仲氏夫不幸蚤年身故
所生二子長蔭椿次蔭鏞賴叔延師課讀教養成
名叔士銘自前歲淂患脚疾意欲将家事分扒因
病未果延至今正不幸又已身故所生二子長蔭喬
次蔭槐上叨　祖庇均皆名列宫庠今氏與孀業經年
近七旬精神漸不如昔家大口繁難以拘束當蚤各
立各事遵叔遺命爰托親族将承　祖祖苗及新
構屋宇續買田租一切業產經中酌搭均匀列為
天地人和四字號告　祖祜鬮以為四大房均分載
列文左惟店碓茶號生意帳目往来均歸集義堂
管理衆做日後餘則四大旻均分蝕則四大旻均認
所有神會山塲地坦未分屋宇并會項往来均係
衆存至於氏與孀生前口食歿後喪費一切用

瘦悉歸眾料理自立分閲之後各宜頂天立事恢
擴先緒克廸前光斯則氏之厚望也今欲有凭
立此分閲合文五本各收一本眾存一本永遠發
大存照

謹將眾存各項載列於后

一本都十保土名五三公園大来公祠正屋餘屋陸
又之圭

一本都十保土名胡村園新造後屋正房二間并樓
上倉二亣以及廳堂出入并餘屋後截

一本都十保土名胡村園後山高地六拾步迭年秋
收七月初一日至十月十五日為過歸祠晒穀秋收
畢仍照前閹分興種菜園

一本都八保土名廟下店屋圭重本祠該得三又
之圭雲從三又之圭典與本祠與曰瑗祠該得三

叧之壹共業

一本都八保土名河家灘茶號壹重迭年交納地租錢壹仟文

一本都八保土名河家灘碓壹車約二十年以後歸業主管理

一春祭會新十八會心誠會誠意會烟花會經緯會社會中元會

一本都七保 租則列后

土名大月坵寔租拾弍秤

土名高 岸寔租 弍 秤

土名楓树坵寔租弍秤拾五斤

土名新塘前寔租四秤零三觔

一本都八保 租則列后

土名喬山背寔租九秤拾六斤

土名井坞　宴租圭秤零三斤

土名村楊路下　宴租圭秤

土名瓦窑坦　宴租圭秤拾五斤

土名梨树垅　宴租圭秤零五斤

土名井坞口　宴租圭秤零八斤

土名大垅　宴租四秤拾四斤剐

土名秧垅　宴租圭秤拾九斤

土名繖上塔垅　宴租圭秤零弍斤剐

土名繖下塔垅　宴租圭秤零六斤

土名铁炉坟　宴租六秤拾斤

土名刘家碣　宴租圭秤拾四斤

土名徐家坑　宴租四秤拾弍斤

一本都九保租則列后

土名唐陳源下嶺　宴租六秤拾六斤剐

土名塘陳三里十　寔租叁秤拾四斤
土名七下畝坵　寔租拾　四　斤
土名黃泥坵　寔租弍秤零弍斤
土名七下畝坵　寔租拾秤拾弍斤
土名鳳凰坵　寔租弍秤零五斤
土名七下畝坵　寔租弍秤零八斤
土名下沙坵　寔租四秤零三斤
土名黃綠橋　寔租五秤零八斤
土名寺湖墳　寔租五秤零七斤
土名潘家塢　寔租叁秤拾弍斤
土名下　塋　寔租　五　斤
土名七下畝坵　寔租七斤八兩
土名竹園坵　寔租五秤零弍斤
土名小淅坵　寔租壹秤拾乙斤

土名西冲寔租壹秤拾五斤

一本都十保租則列后

土名虎舟嶺寔租式秤零八斤

土名金家段寔租壹秤零八斤

土名大坑下截寔租拾六秤零五斤

土名九畝中段寔租拾四秤

土名江家塢口寔租五秤拾八斤

土名蠏窩佳前寔租壹秤

土名打石塢寔租捌秤

土名塘塢口寔租七秤

土名石打塢頭寔租式秤

土名墻下寔租叁秤零八斤

土名塘塢口寔租五秤

土名南塢寔租五秤拾八斤

土名倉　塢寔租拾弍秤
土名秧坵寔租五秤
土名大麦塢寔租四秤零四斤
土名丁香坵寔租捌秤
土名余三坵寔租壹秤拾九斤
土名小汪四坵寔租弍秤零七斤
土名小園坵寔租八秤拾六斤
土名苎塢口寔租叁秤拾六斤
土名慈姑坵寔租五秤零四斤
土名梨樹坵寔租壹秤零七斤
土名南塢頭寔租七秤零九斤半
土名横坵寔租壹秤
土名槲樹坵寔租拾五斤半
土名二朝住前寔租拾弍斤半

土名南　塢　寔租叁斤五两

一十三都六保租則列后

土名坑北中段寔租七秤拾斤

土名梨木坦寔租壹秤零四斤

土名塢上坵寔租叁秤拾斤

土名九十里寔租壹秤零九斤半

土名栗樹下寔租　壹　秤

土名船旁塢寔租壹秤拾斤

土名船旁塢口寔租　弍　秤

土名下長坵寔租拾九斤半

一十四都八保租則列后

土名井　塢　寔租六秤零五斤

土名赤泥坵寔租弍秤零八斤

土名桑園坵寔租　四　秤

土名坑大五里十、寔租拾弍秤零六斤
土名大塢口寔租拾叁斤半
土名長坵寔租壹秤拾六斤半
土名混坵寔租叁秤拾六斤
土名月坵寔租弍秤拾六斤
土名栗樹坵寔租弍秤
土名坑東岩上寔租四秤
土名新開坵寔租弍秤
土名新塘塢寔租拾八斤
土名山棗塢寔租叁秤拾斤
土名塘塢口寔租弍秤
土名新塘塢寔租壹秤零八斤
土名小崖山寔租弍秤零四斤
土名屋基坵寔租壹秤

土名横路下寔租五秤
土名汪坑嶺背寔租四秤拾斤
土名大培頭寔租壹秤拾斤
土名舍前塢寔租弍秤
土名猫晛坵寔租五秤零八斤
土名大坑四十里寔租弍秤
土名大坑五十里寔租壹秤零八斤
土名栗樹坵寔租壹秤拾斤
土名何公塢寔租壹秤拾九斤
土名新塘塢寔租弍秤
一十四都九保租則列后
土名古晛坵寔租七秤拾斤
土名吳家段寔租四秤
土名吳家段寔租弍秤

土名程婆冲寔租 六 秤

土名長 坵 寔租五秤零八斤

土名塘 下 寔租拾叁斤

土名低壟井坵 寔租四秤拾八斤

土名八十里 寔租壹秤拾五斤

土名東源炭塢 寔租 弍 秤

土名墓林下 寔租五秤零五斤

土名下壟坵 寔租五秤拾弍斤

土名下壟坵 寔租弍秤零八斤

土名麻榨坵 寔租八斤八兩

土名新開坵 寔租拾弍 秤

土名黄大塢 寔租弍秤零四斤

土名方盤坵 寔租弍秤拾九斤

土名吳家段 寔租弍秤拾六斤

土名叁老坵寔租拾四斤

土名抽树源寔租拾七斤半

土名抽树源寔租壹秤拾斤

土名陳村弯寔租式秤

土名牛池坵寔租八斤

土名村陳大坵寔租叁斤八两

土名申郑门前寔租拾壹斤

土名石際塢寔租拾斤

土名柿树塢寔租四斤

一十四都一保租则列后

土名旱冲寔租拾四斤半

土名馬頸嶺寔租四秤零四斤

土名石墩坵寔租四秤拾五斤

土名四畝坵寔租四秤拾九斤

土名大坡下寔租壹秤

天字號蔭槐閹淂

一屋宇中重西边前房壹間樓上倉壹个過廂在
内東边後房壹間樓上倉壹个樓上樓下過廂在
内廚屋後截樓上樓下以及院子壹半又後屋東
边過廂房壹个并樓上在内以及毗連廚屋至過
廂横過外截樓上樓下在内西边培屋樓上樓下
壹半

計開典租列后

土名直源塢寔租拾六秤拾斤
土名八畝坵寔租拾四秤拾五斤
土名楊樹坵寔租拾捌秤
土名洪家塢寔租式拾式秤拾斤
土名樺樹坵寔租五秤
土名虎城山寔租拾壹斤

土名周家段寔租七斤三两
土名飯籮坐寔租壹秤拾乙斤
土名馬草塢寔租五秤
土名七十里寔租大秤拾弍觔
土名腹肚坵寔租四秤
土名窪裡寔租壹秤拾斤
土名塘坑口三畝坵寔租五秤
土名李村坦寔租弍秤
土名楊梅山寔租四秤零五斤
土名牛欄坵寔租壹秤拾斤
土名[illegible]坵寔租拾五秤
土名桐木源寔租五秤拾九觔
土名吳家段寔租壹秤零五觔
土名怀塘塢寔租弍秤

土名金奥潭寔租五秤拾斤
土名瓦塢坦寔租五秤零五斤
土名梨树坵寔租弍秤
土名三亩坵寔租五秤
土名竹园段寔租四秤零八斤
土名堆坵寔租圭秤零弍斤
土名七亩坵寔租拾圭秤零弍斤
土名潘皮坵寔租捌秤
土名比坑口寔租九秤
土名宋大坵寔租拾秤
土名塚林下寔租六秤
土名角坞寔租叁秤
土名大坑中段寔租四秤
土名土桥坑寔租弍秤

土名瓦摇坦寔租叁秤零八斤
土名新開坵寔租五秤拾弍斤
土名楊梅山寔租拾六斤
土名汪家嶺下寔租拾秤
土名大小坵寔租八秤拾斤
土名冬青树坵寔租六秤拾弍斤
土名陳家坵寔租拾秤
土名黄大炭塢寔租六秤拾弍斤
土名小枫树坵寔租拾斤
土名徐家坦寔租八斤

計開買受小租列后

土名高町小租叁拾弍秤
土名胡八塢小租拾四秤

土名吴家段 小租拾贰秤

土名吴老虎七坑垮 小租拾秤

土名長坵 小租拾叁秤

土名園桑六坵坳 小租捌秤

土名牛欄坵 小租捌秤

土名盤山下 小租五秤

土名背山中段 小租拾秤

土名双坑口 小租四秤拾斤

土名三畝坵 小租八秤

土名張家田 小租贰拾秤

土名前段拔下 小租叁秤

土名樟樹坵 小租拾秤

土名小坑深塢 小租捌秤

土名大坑垮塢 小租六秤

計開典小租列后

土名狐占嶺小租五秤

土名桐木源小租五秤

土名塋背小租拾五秤

土名腰肚坵小租四秤

土名坳頭坵小租拾秤

土名金子冲小租拾弍秤拾斤

土名十畝坵小租六秤

土名棒树坵小租六秤

土名四刘八段小租六秤

土名汪伯訂小租捌秤

土名八畝坵小租七秤

土名金子冲小租捌秤

土名□山附鴨小租弍秤

土名山背塢小租四秤拾斤
土名石道坵小租拾叁秤
土名鳳凰坵小租八秤
土名旱水坵小租四秤
土名大風树坵小租六秤
土名碣亍坵小租拾秤
土名峽山裡小租六秤
一神會關帝會圭叉

地字號蔭鏞閣淂

一屋宇前重東边前房壹間樓上倉壹ㄏ樓上樓下過廂在内西边後房壹間樓上倉壹ㄏ廚屋前截樓上樓下壹半又學屋樓下除前培屋該淂後截壹半樓上連培屋均分該淂後截壹半

計開典租列后

土名陳村旁塓祖壹秤拾七斤朋

土名陳村旁塓祖壹秤拾七斤

土名過水坵塓祖四秤拾六斤

土名楊樹坵塓祖壹秤拾斤

土名塘　坵塓祖壹秤零八斤

土名花園坵塓祖壹秤拾三斤

土名涼風坵塓祖五秤零八斤

土名直源塢塓祖　弍　秤

土名黄大塢寔租圭秤拾六斤
土名舍前坵寔租弍秤拾四斤
土名祠木源寔租五秤拾六斤
土名井天墉塢寔租四秤
土名蓝碣寔租五秤拾四斤三两
土名峡山裡寔租五秤拾六斤二两
土名纱帽角寔租七秤
土名庫裡原租弍秤拾五斤
土名下源坵寔租叁秤拾四斤二两
土名胡保坑寔租拾弍斤二两
土名梨木段寔租四秤零三斤二两
土名黄至前门寔租叁秤
土名庫裡原租叁秤拾四斤
土名柚木源寔租圭秤拾六斤

土名吴家段 寔租四秤零四斤

土名蘿葡嶺 寔租壹秤零八斤

土名東坑嶺下 寔租八秤

土名新塘塢 寔租壹秤零弍斤

土名囟坵 寔租拾五斤

土名規塢 寔租拾叁斤

土名破塘 寔租拾五斤

土名董家弯 寔租拾弍秤

土名黄庄坵 寔租七秤拾斤

土名旱田冲 寔租壹秤拾三斤半

土名旱田冲 寔租弍秤零壹斤

土名大汎坵 寔租弍秤零弍斤

土名繞沙坵 寔租五秤

土名樟樹坵 寔租五秤

土名铁炉坵 寔祖 捌秤
土名畢青嶺 寔祖叁秤零三斤
土名桃山榭坞 寔祖壹秤拾壹斤
土名四畝坵 寔祖九秤拾八斤半
土名八圾坞口 寔祖叁秤零八斤半
土名塝林下 寔祖拾弍秤
土名甽·下 寔祖 六秤
土名徐二坵 寔祖壹秤拾弍斤半
土名梨木段 寔祖八秤拾弍斤
土名江 坑 寔祖弍拾壹秤
土名二畝坵 寔祖 五秤
土名三角坵 寔祖 五秤
土名塘 坞 寔祖 九秤
土名裡大坵 寔祖四秤拾斤

土名牛角穹寔租叁秤
土名下塢寔租圭秤拾斤
土名水村對三寔租拾秤
土名塘坑口寔租七秤
土名三畝坵寔租大秤拾弍斤
土名大月坵寔租拾四秤
計開買受小租列后
土名扒打鳩石鳩頭小租叁拾弍秤
土名墓林下小租拾大秤
土名吳家段小租拾秤
土名七吳坑口小租拾秤
土名八姑塢口小租拾秤
土名下壟坵小租八秤
土名栗樹坵小租大秤

土名方盤坵　小租七秤
土名才坵　小租拾秤
土名金子冲　小租四秤
土名石门塢　小租弍秤拾秤
土名秧坵　小租六秤
土名抽树源 鴨子坵　小租拾弍秤
土名直源塢　小租拾弍秤
土名倒塢　小租六秤
土名混坵　小租九秤
土名破坵 新開坵　小租拾秤
計開典小租列后
土名圳坑中段　小租叁秤拾斤
土名伏合前　小租五秤
土名橙树旁　小租五秤

土名大楊树坵小租叁秤拾斤
土名木坵小租拾秤
土名古見坵小租拾五秤
土名独坵小租八秤
土名水碓坵小租七秤
土名大畝坵下元塢小租六秤
土名槻頸段小租六秤
土名小坟正塢小租六秤
土名塘塢小租五秤
土名潘坑小租拾八秤
土名楊家塢小租四秤
土名九畝段小租八秤拾秤
土名亭塢小租五秤
土名伕岺中段小租四秤拾斤

土名西坑口小租叁秤零五斤
土名羊鹅坔小租五秤
土名十亩坵小租四秤
土名栗树坵小租七秤
土名骂大坵小租六秤拾斤
一神会大樵会半股与荫椿共业股

人字號蔭椿閹淂

一屋宇前重西边前房壹間樓上倉壹广樓上過廂在内東边後房壹間樓上倉壹广廚屋後截樓上樓下壹半又學屋樓下前身培屋壹間正學屋前截壹半樓上連培屋均分該淂前截壹半

計開典租列后

土名黄家庄寔租叁拾秤

土名四十里寔租六秤

土名六畝坵寔租六秤

土名四畝坵寔租七秤零七斤

土名新塘塢寔租弍秤拾弍斤

土名十畝坵寔租六秤

土名石板橋寔租叁秤零四斤

土名十畝坵　寔租四秤零八斤

土名坑塘碣坵頭　寔租叁秤拾九斤

土名新塘塢　寔租弍秤

土名冲東坟前　寔租叁秤拾六斤

土名梓樹坵　寔租叁秤

土名周家段　寔租叁秤拾斤

土名坟旁里　寔租弍秤

土名吴家段　寔租壹秤零六斤

土名查木塢　寔租拾叁斤

土名四畝段　寔租拾秤

土名八畝坵　寔租五秤

土名四畝坵　寔租拾秤

土名庄前　寔租四秤拾斤

土名上鄣十里　寔租九秤零六斤

土名寿福住前　寔租八秤拾四斤
土名上　園　寔租　壹　秤
土名双坑口　寔租　拾　斤
土名塋　背　寔租四秤拾弍斤
土名梘頭段　寔租五秤零八斤
土名橙树弯　寔租壹秤零壹斤
土名水碓坵　寔租弍秤拾八斤
土名程婆冲　寔租　六　秤
土名潘家橋　寔租　五　秤
土名破　塘　寔租拾六秤
土名蘿大坵　寔租弍拾五秤
土名大冲塢　寔租叁秤零四斤
土名大冲中段　寔租叁　秤
土名寺　背　寔租壹秤拾壹斤

土名天塘井坞　寔祖　叁　秤
土名橙树坵　寔祖叁秤零六两
土名大冲坞　寔祖七斤拾弍两半
土名梨木下　寔祖壹秤零八两
土名潘家坞　寔祖壹秤拾弍斤
土名枧头段　寔祖壹拾七斤半
土名上坞口　寔祖叁秤零五斤
土名梗背　寔祖壹秤零六斤
土名叶坳下　寔祖　四　秤
土名西冲五十里　寔祖　叁　秤
土名六十里　寔祖式拾秤
土名枧头湾　寔祖拾四秤拾四斤
土名小曲尺坵　寔祖叁　秤
土名[illegible]塝山下　寔祖六秤拾七斤

計開買受小租列后

土名西　冲　小租弍拾捌秤

土名横路下　小租拾大秤

土名吴家段　小租拾六秤

土名潘家磅　黄土岺　小租九秤

土名七吴坑頭　小租拾叁秤

土名東冲前　楓村坵　小租捌秤

土名新閈坵　小租拾叁秤

土名大月坵　小租拾秤

土名船房塢口　小租六秤拾斤

土名楓樹坵　小租七秤

土名棗樹坵　小租拾秤

土名柿樹坵　小租拾壹秤拾八斤

土名過水坵　小租叁秤

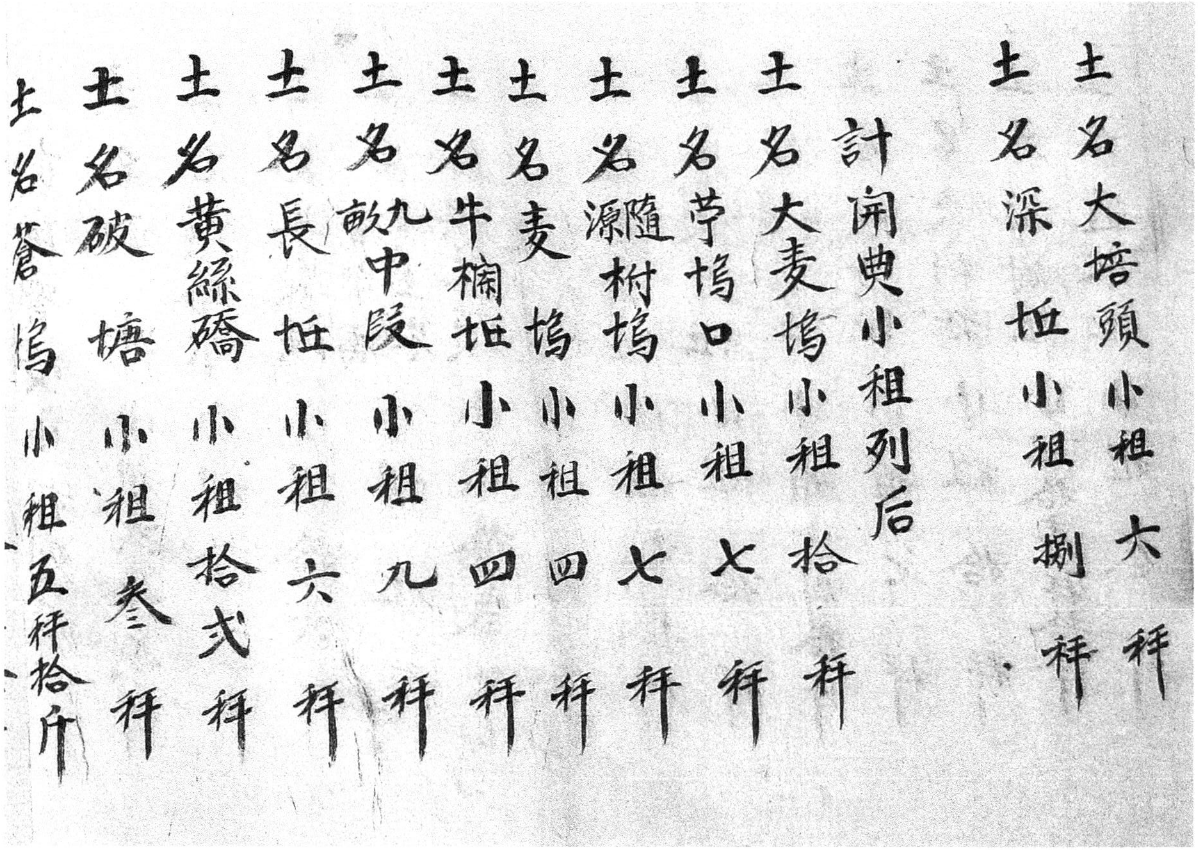

土名大培頭小租大秤
土名深坵小租捌秤
計開典小租列后
土名大麦塢小租拾秤
土名苧塢口小租七秤
土名源隨柎塢小租七秤
土名麦塢小租四秤
土名牛欄坵小租四秤
土名九畝中段小租九秤
土名長坵小租六秤
土名黄綵礄小租拾弍秤
土名破塘小租叁秤
土名蒼塢小租五秤拾斤

土名下沙坵 小租拾弍秤拾弍斤

土名塘上坵 小租大秤拾斤

土名石板橋 小租大秤拾斤

土名長塢山馬竹塢 小租弍拾秤

土名秧坵 小租四秤拾斤

土名裡大坵 小租五秤

土名竹園坵 小租捌秤

土名黄踺坑 小租叁秤

土名十畝坵 小租六秤

土名塘嶺下 小租捌秤

一神會大樵會半叉與蔭鏞共壹叉

和字號蔭喬鬮浔

一屋宇中重東边前房壹間樓上倉壹𠂇樓上過廂
在内西边後房壹間樓上倉壹𠂇樓上過廂在内
厨房前截樓上樓下以及院子壹半又後屋西边
過廂壹𠂇并樓上在内西边培屋樓上樓下壹半

計開典租列后

土名陳村雩　寔租壹秤零弍斤
土名方盤坵　寔租四秤拾斤
土名下　塢　寔租四秤拾八斤
土名高　町　寔租　四　秤
土名黄大塢口　寔租　拾　秤
土名李八公坂前　寔租六秤零三斤
土名吳家段　寔租　五　秤
土名大牛楠坵　寔租六秤拾斤

土名直源坞寔租九秤
土名塘下寔租九秤
土名沿山坵寔租壹秤
土名陳村峇寔租四秤
土名炉木殿寔租叁秤
土名葉家门前寔租叁秤
土名小坑三畝坵寔租壹秤拾九斤罚
土名上十畝坵寔租弍秤零八斤
土名七畝坵寔租五秤零五斤
土名六畝段寔租叁秤零壹斤
土名炉兒坵寔租捌秤
土名大冲坞口寔租弍秤
土名水碓坵寔租五秤

土名忆沉口寔租八秤零七斤
土名金魚潭寔租　六　秤
土名潘家橋寔租八秤零七斤
土名黄大塢寔租七秤拾斤
土名吴家段寔租四秤零三斤
土名長　坵寔租弍秤拾四斤
土名黄大塢寔租　四　秤
土名馬大塢寔租叁秤零六斤
土名伏嶺坑中段寔租壹秤零六斤
土名石際塢寔租弍秤拾七斤半
土名炉木段寔租　壹　秤
土名梓樹坵寔租弍秤拾四斤
土名独　坵寔租弍秤拾五斤
土名楊木坵寔租九秤拾六斤
土名大冲塢寔租四秤拾三斤

土名大湖坵 寔租四秤零六斤
土名高岸 寔租五秤拾斤
土名伕嶺中段 寔租五秤零八斤
土名董家旁 寔租弍秤
土名大塢 寔租九秤零六斤
土名長坵 寔租七秤零四斤
土名大楊树坵 寔租弍秤拾斤
土名葉二塢 寔租拾弍秤
土名大秧坵 寔租四秤
土名西冲角口塢 寔租捌秤
土名舟頭树嶺 寔租叁秤
土名長坵 寔租柒秤
土名黄東坵 寔租拾秤拾壹斤
土名漈附坵 寔租拾六斤

土名栗树坵　寔租叁秤零六斤
土名李八公坟前　寔租九秤拾五斤
土名郑申门前　寔租叁秤零九斤
土名西坑口　寔租圭秤拾斤
計開買受小租列后
土名大坑上截　小租拾七秤
土名大坑下截　小租拾七秤
土名程婆冲　小租拾六秤
土名方盘坵　小租拾秤
土名大沙坵　小租四秤
土名合坞口　小租四秤
土名吴七坑　小租拾弍秤
土名新開坵　小租捌秤
土名黄大坞　小租七秤拾斤

土名桑園坵小租五秤拾五斤
土名牛池坵小租拾弍秤
土名沙坵小租捌秤
土名南塢頭小租七秤拾斤
土名碣頭懲小租九秤
土名新塘塢小租拾弍秤
土名柿樹坵小租七秤
土名汪家坵小租六秤
土名小陳坵小租五秤
土名竹山下小租五秤
計開典小租列后
土名角塢三畝坵小租拾秤
土名深坵小租拾弍秤
土名竹園坵小租六秤

土名樟村亭 小租拾弍秤

土名八十里 小租四秤拾弍斤

土名大磙坑下 小租捌秤

土名伏梅会树前亭 小租拾五秤

土名吉背 小租六秤拾斤

土名青高龙潭塢 小租弍拾半秤

土名塘塢 小租八秤拾斤

土名塘塢口 小租叁半秤

土名枣树坵 小租四秤拾斤

土名火圹塘塢 小租六秤拾斤

土名四大畝坵 小租捌秤

土名牛梅榈树坵 小租五秤

一神會大椎會半叉與光浩公祠共壹叉

光緒拾七年拾一月念四日立主分鬮合文

胡阿余氏 男 蔭椿

蔭鏞

胡阿倪氏 男 蔭喬

蔭槐

中見 親 王大誥

王樹錦

族 曰什

雲升

雲崧

履祥

開美

代筆

雲節

三　祁门茶商流水账簿

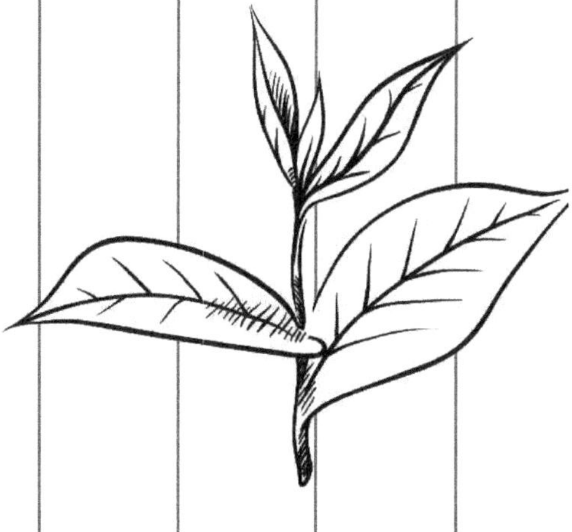

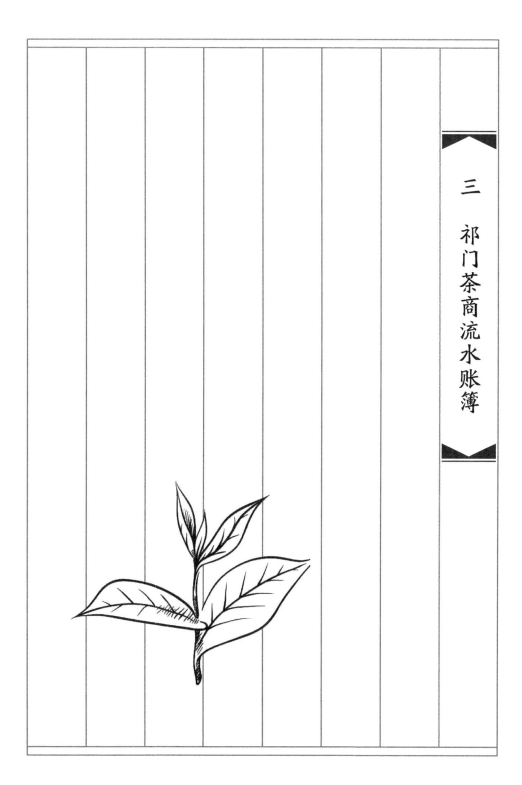

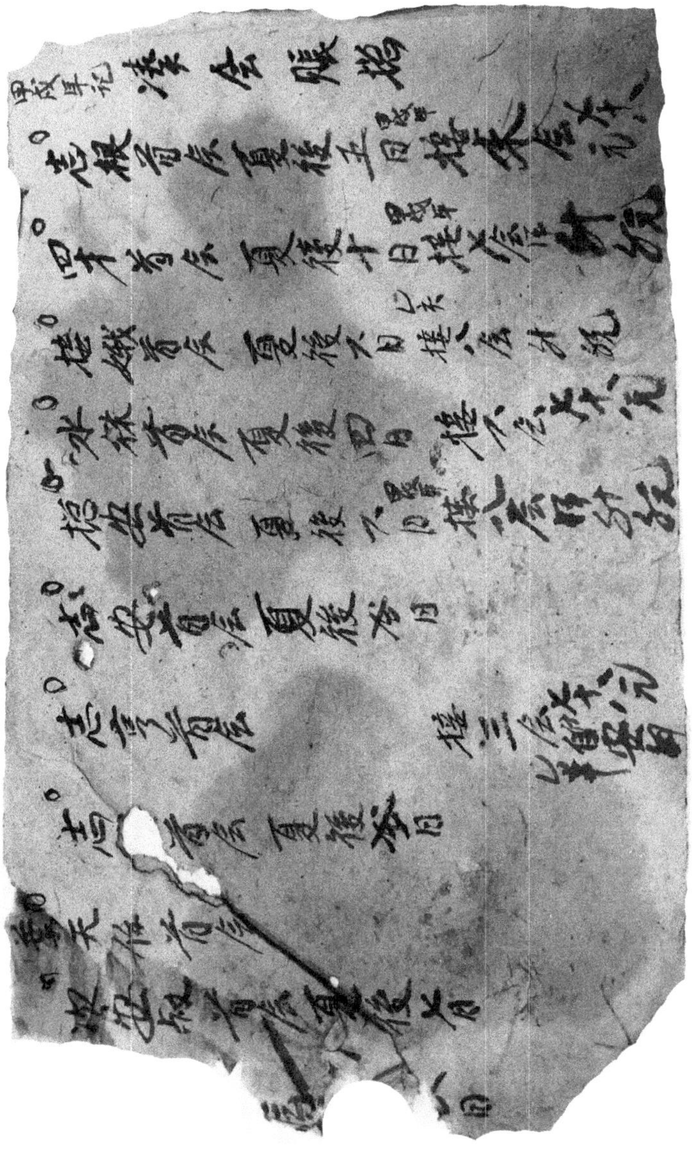

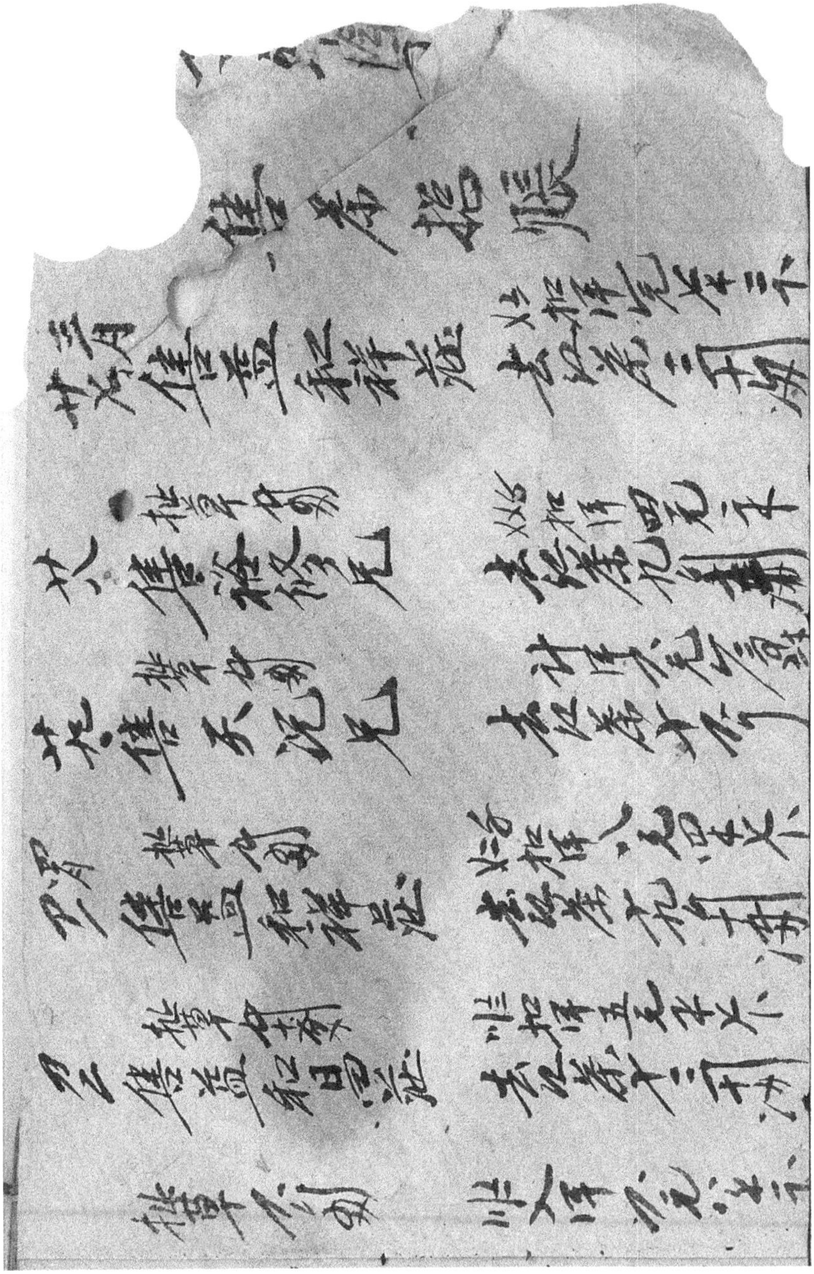

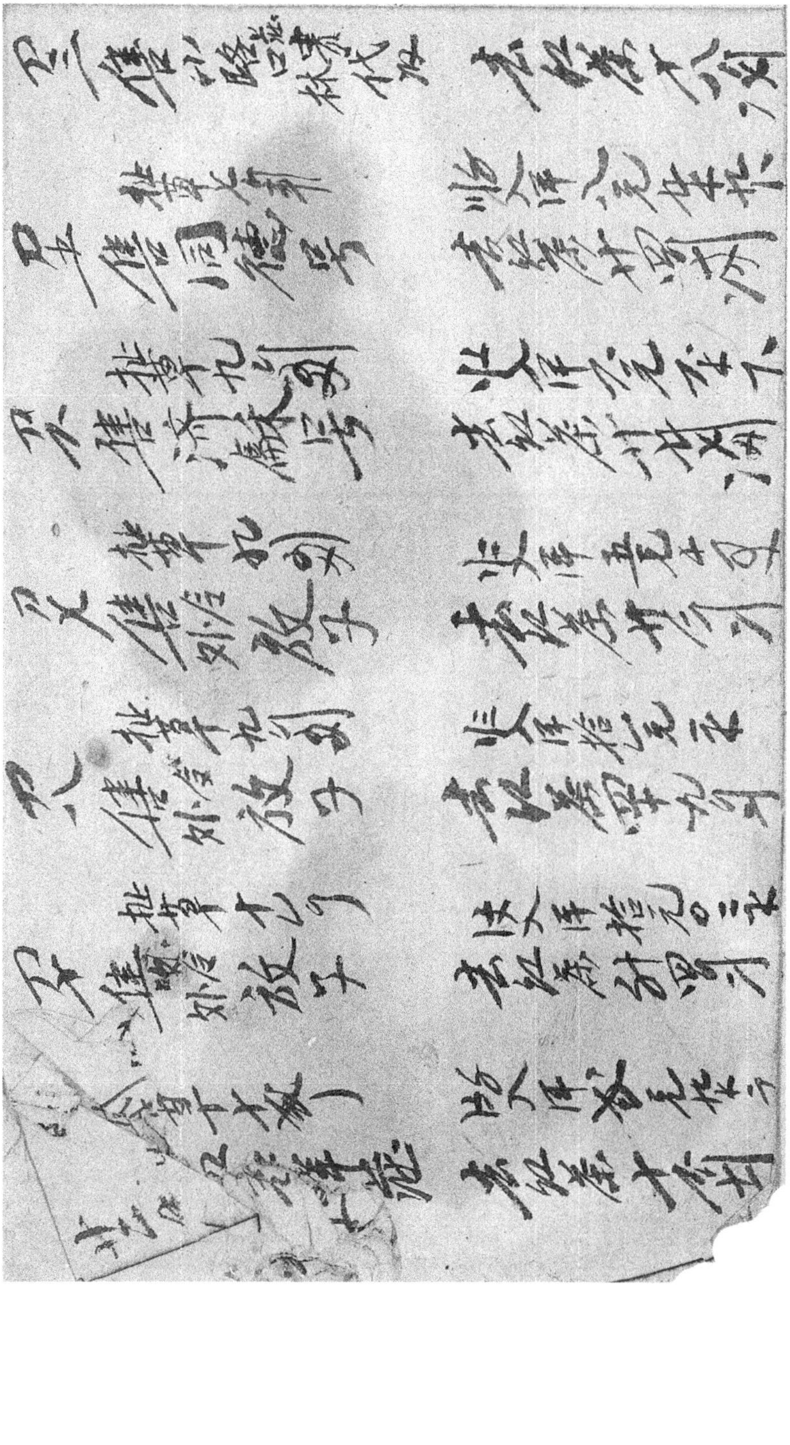

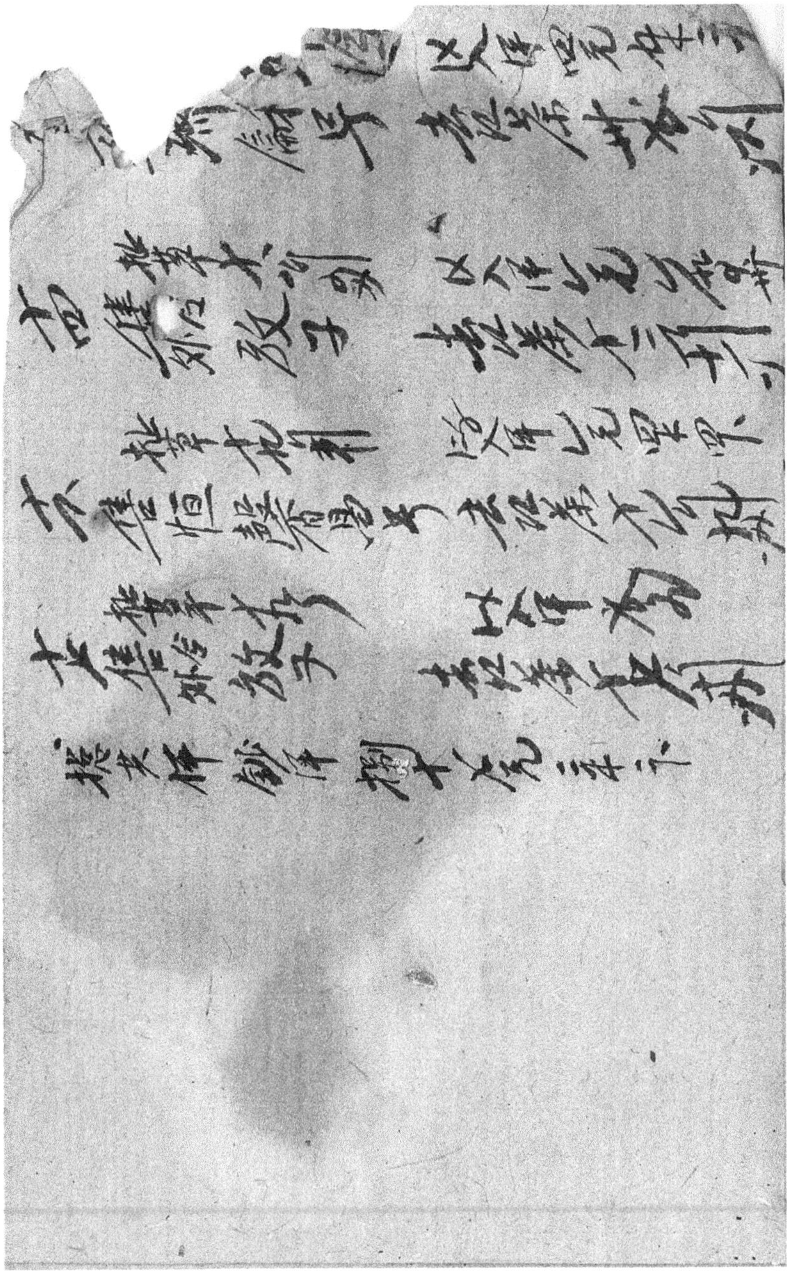

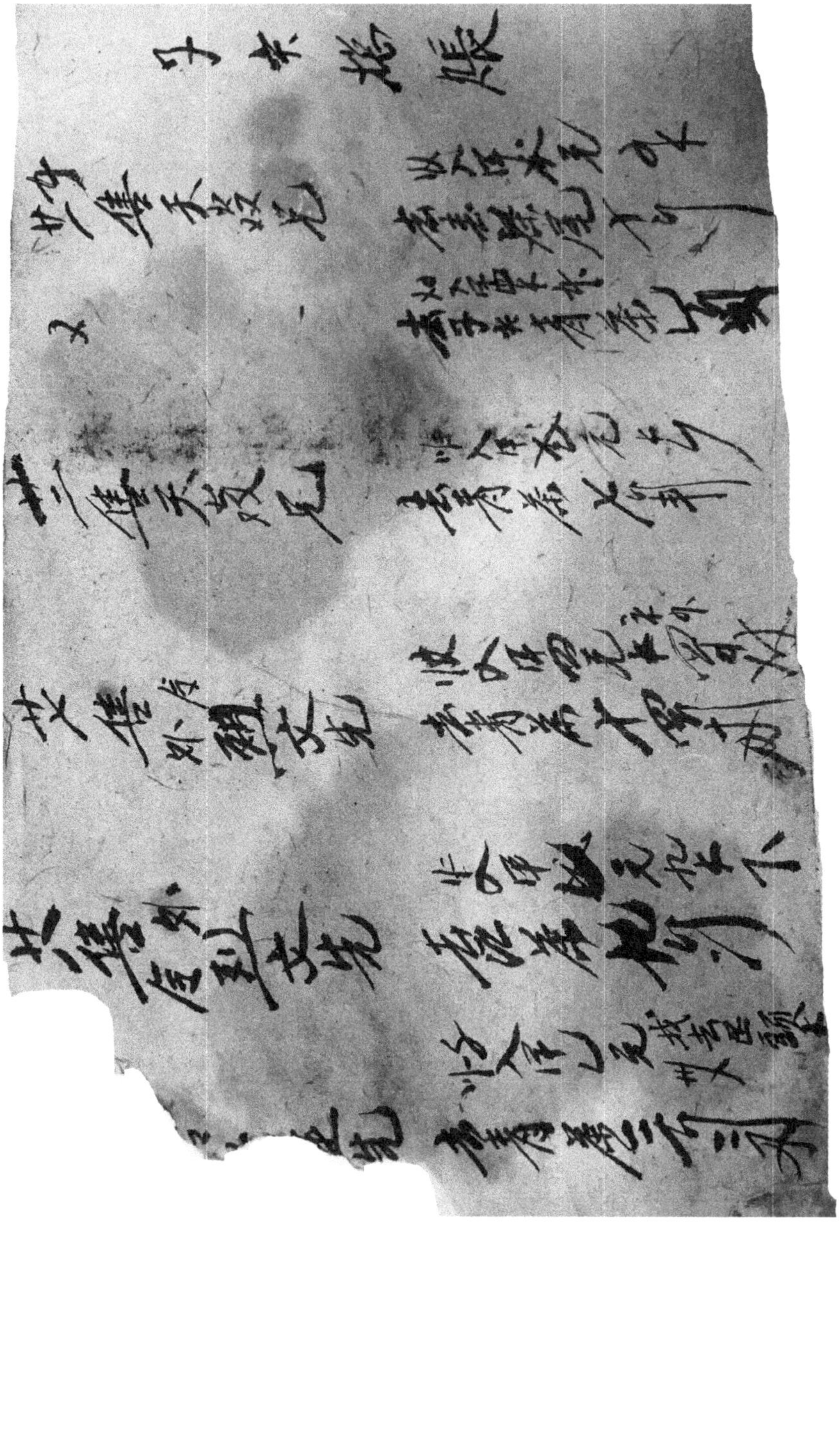

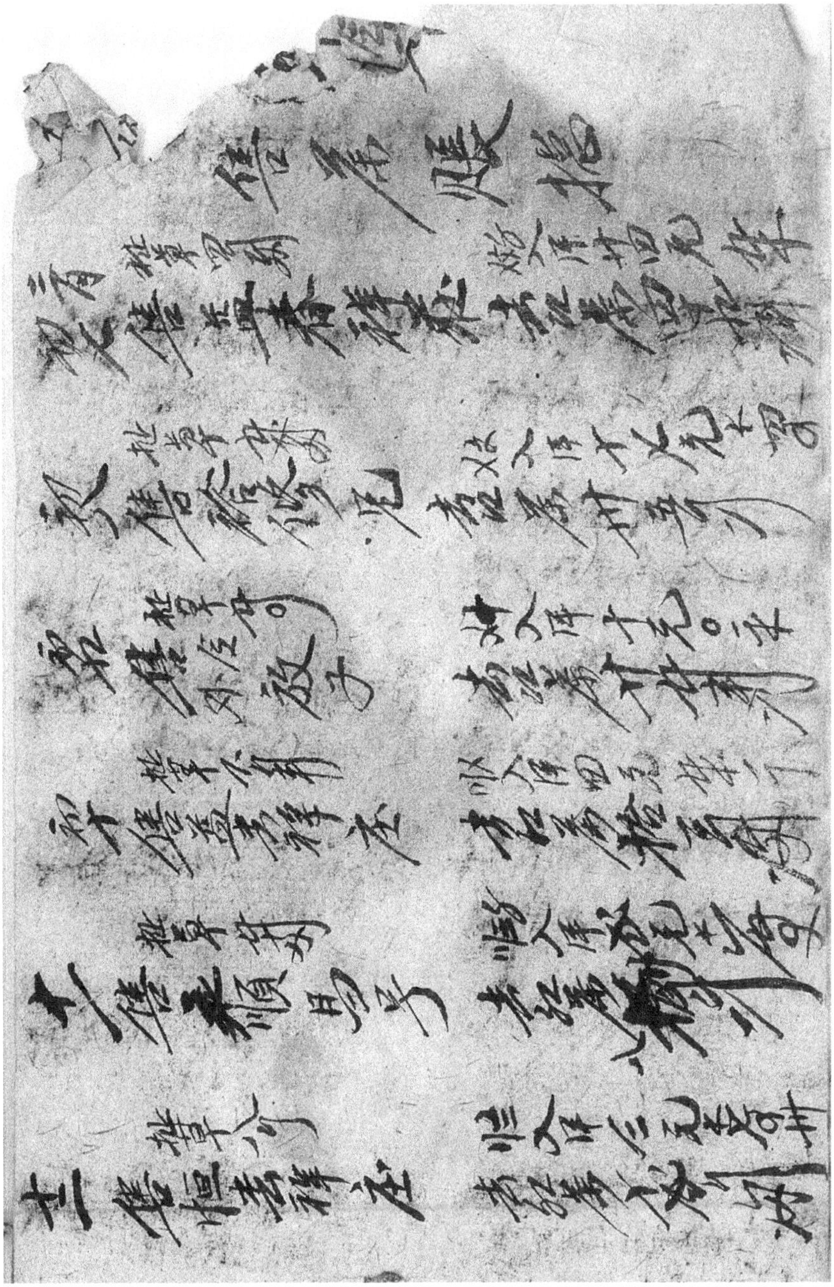

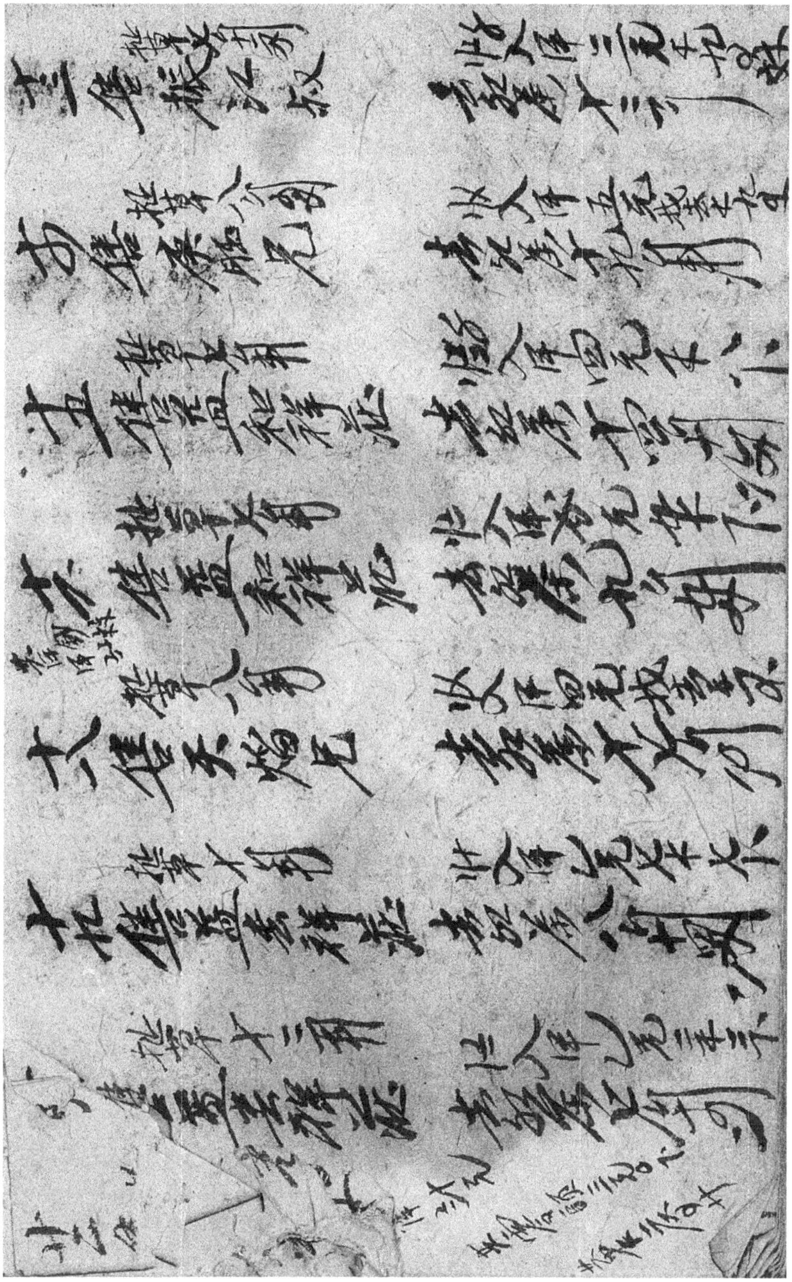

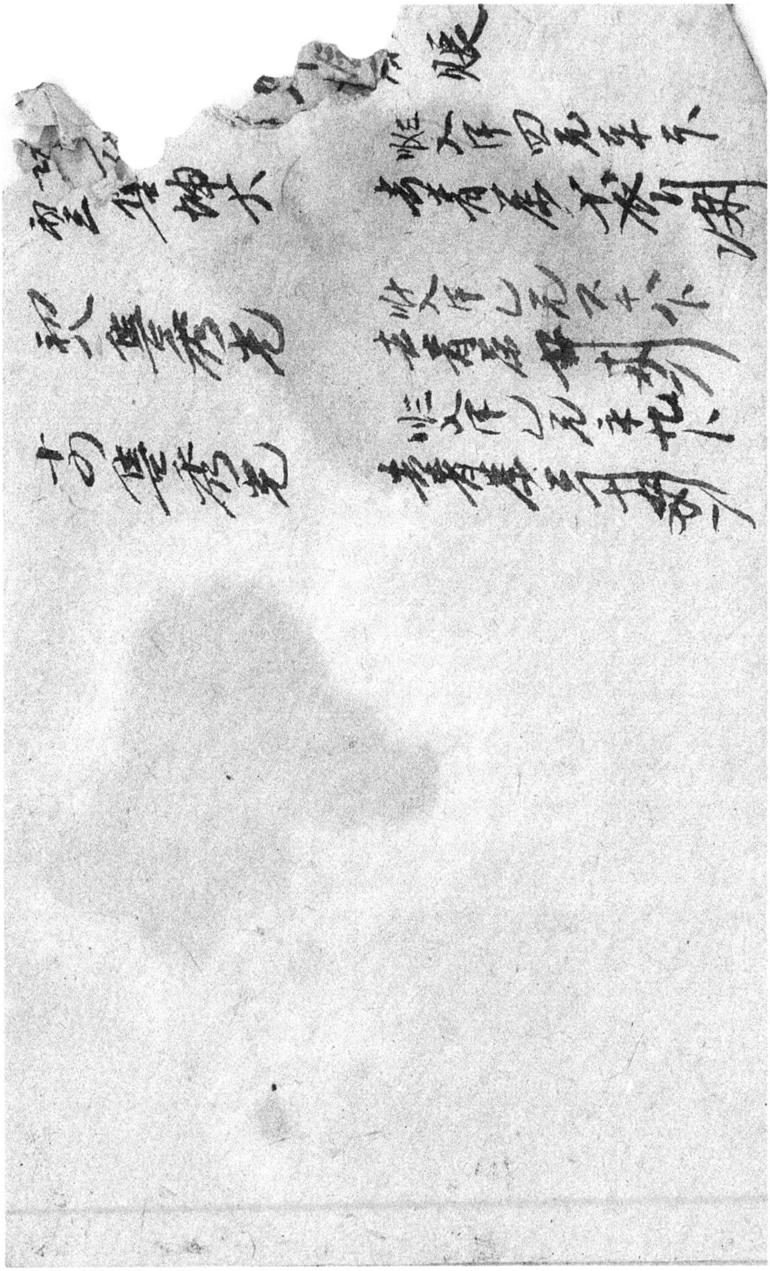

己巳年 售茶賬摺

二月十六 售大德安莊 批茶[illegible] 收入洋[illegible] 去紅茶[illegible]

[illegible] 售益和祥莊 批茶[illegible] 收入洋[illegible] 去紅茶[illegible]

[illegible] 售天生居兄 批茶[illegible] 收入洋三元[illegible] 去紅茶八[illegible]

[illegible] 售大德安莊 批茶[illegible] 收入洋[illegible] 去紅茶[illegible]

[illegible] 售外孫子 批茶[illegible] 收入洋[illegible] 去紅茶[illegible]

[illegible] 售大德安莊 批茶[illegible] 收入洋[illegible] 去紅茶三[illegible]

[illegible] 收入洋[illegible] 去紅茶[illegible]

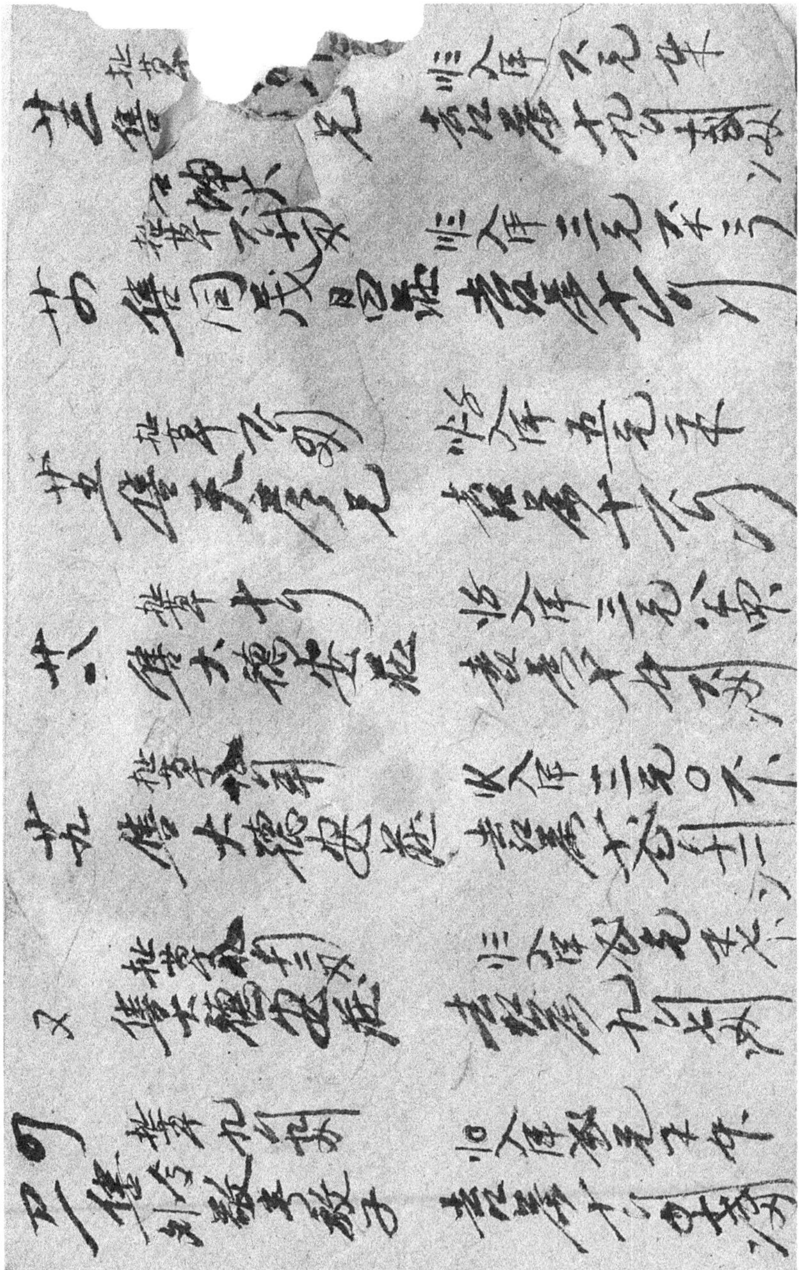

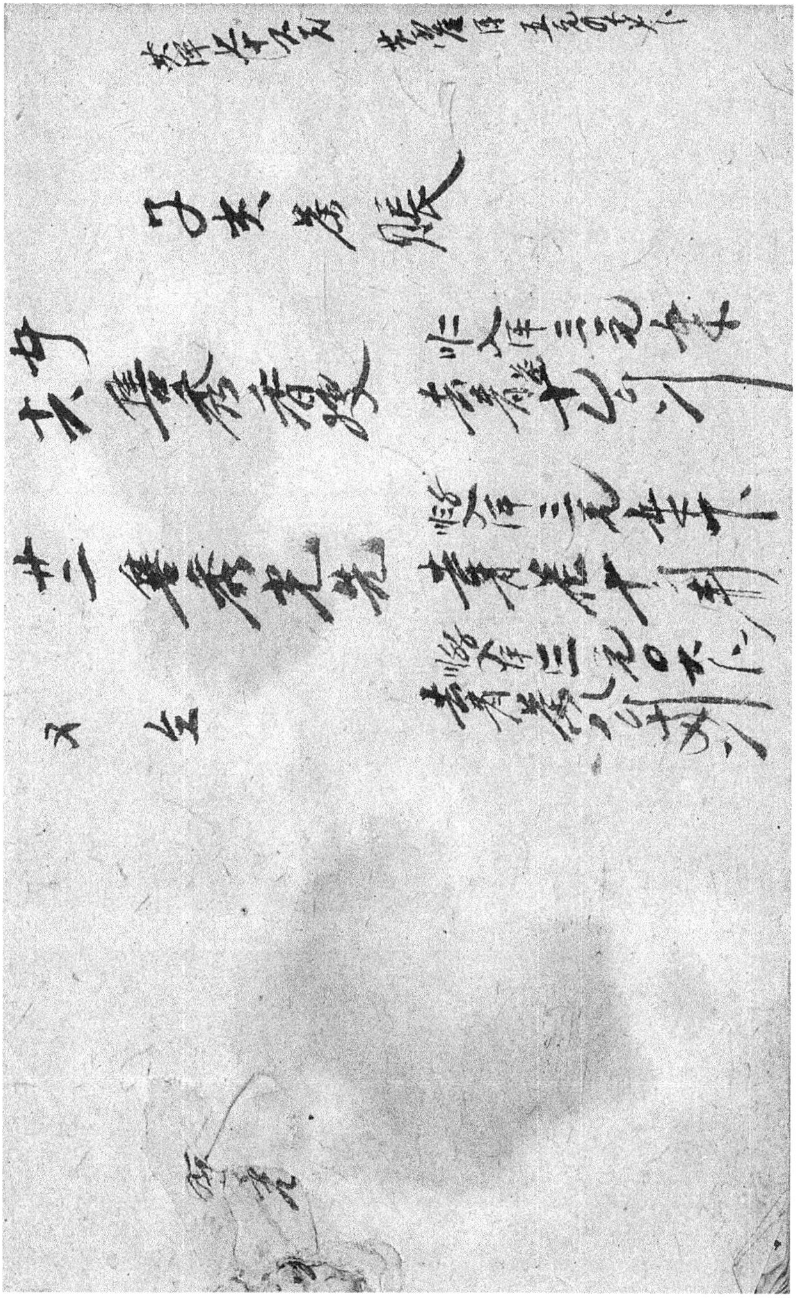

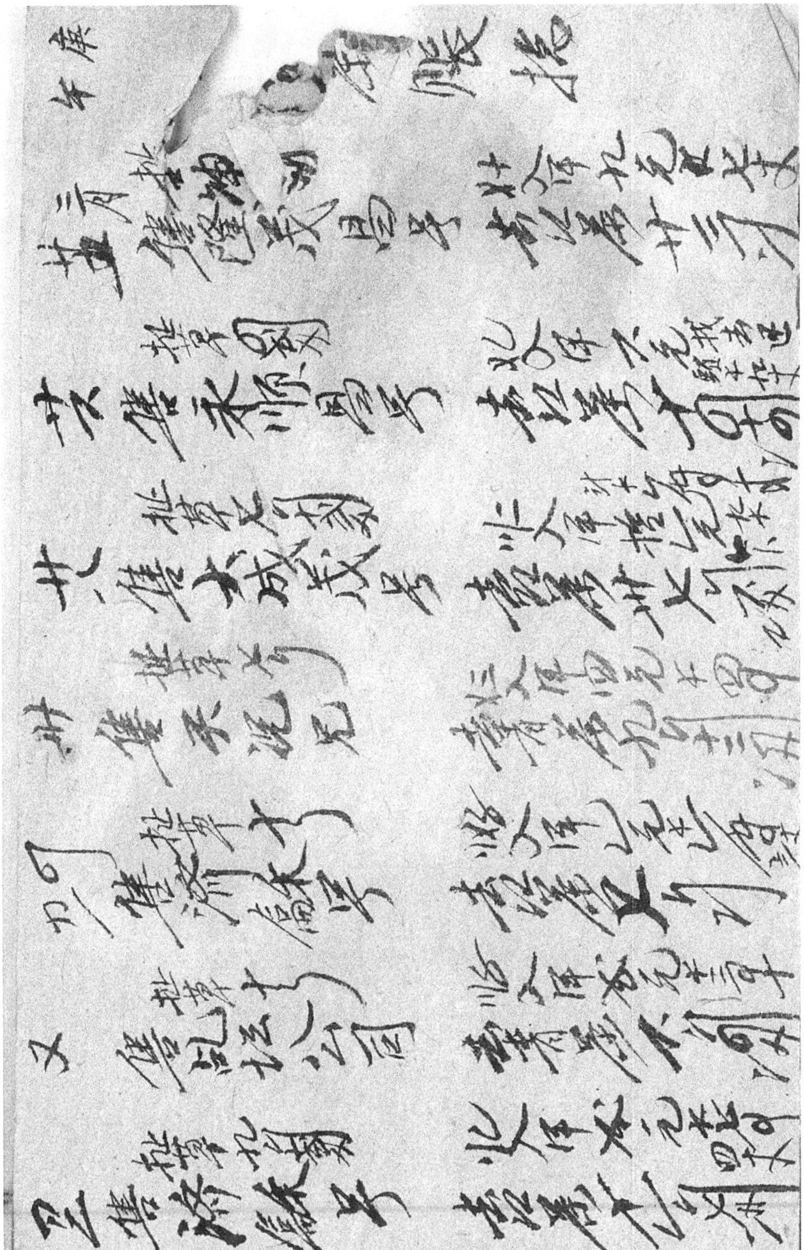

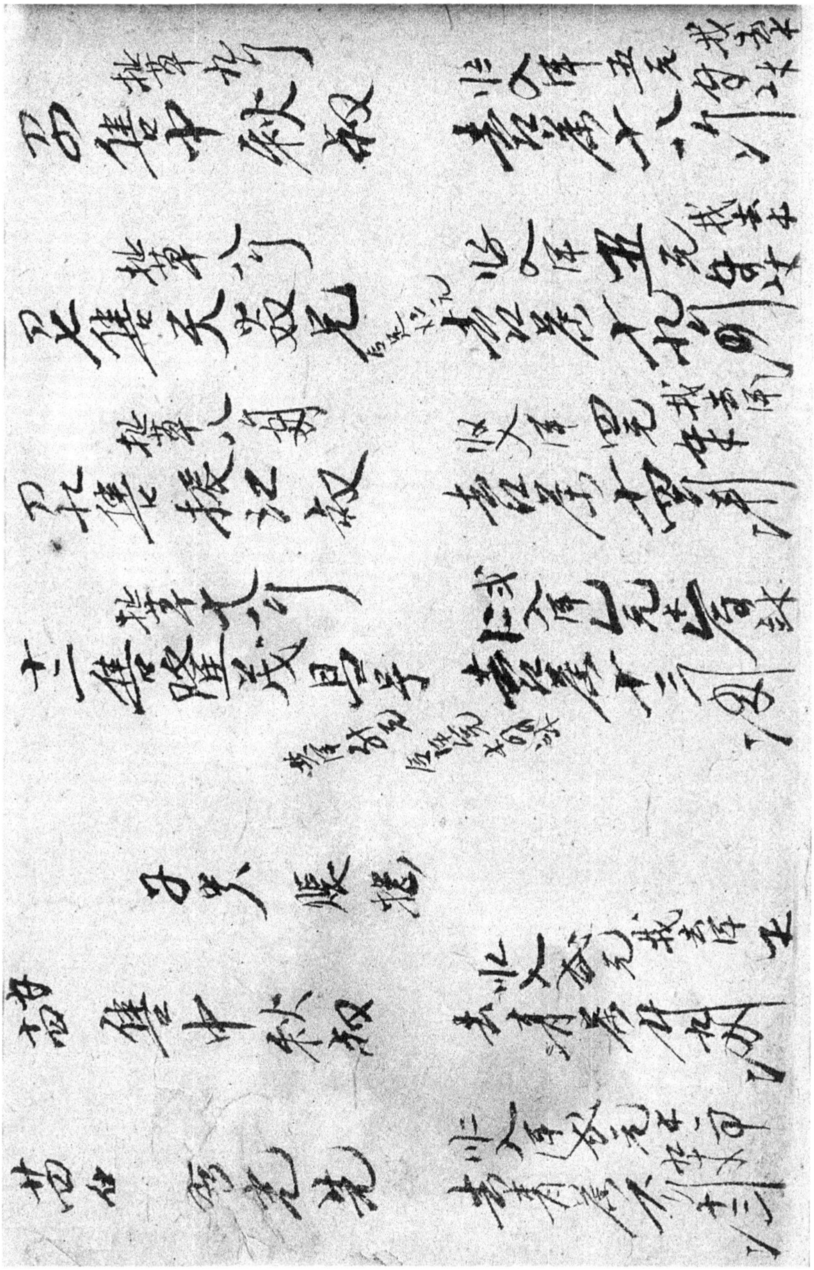

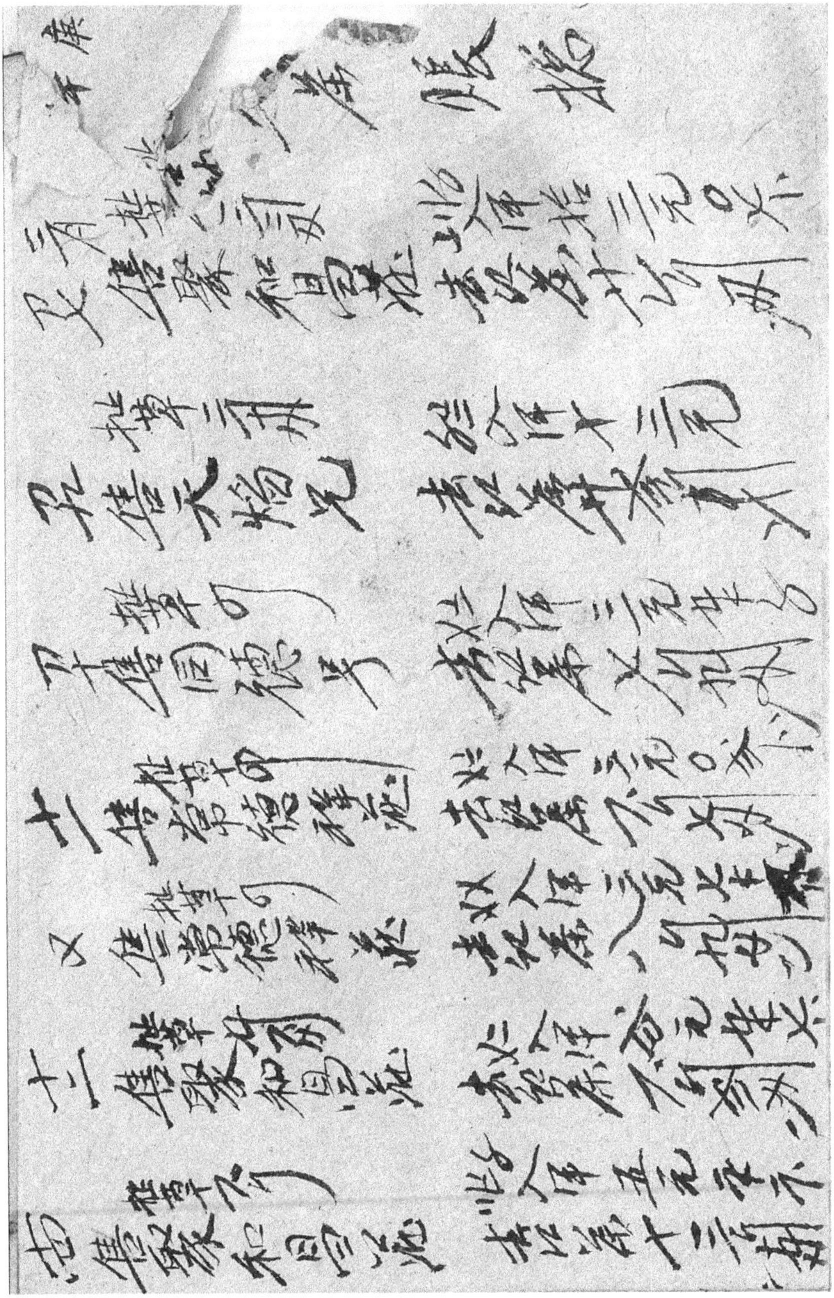

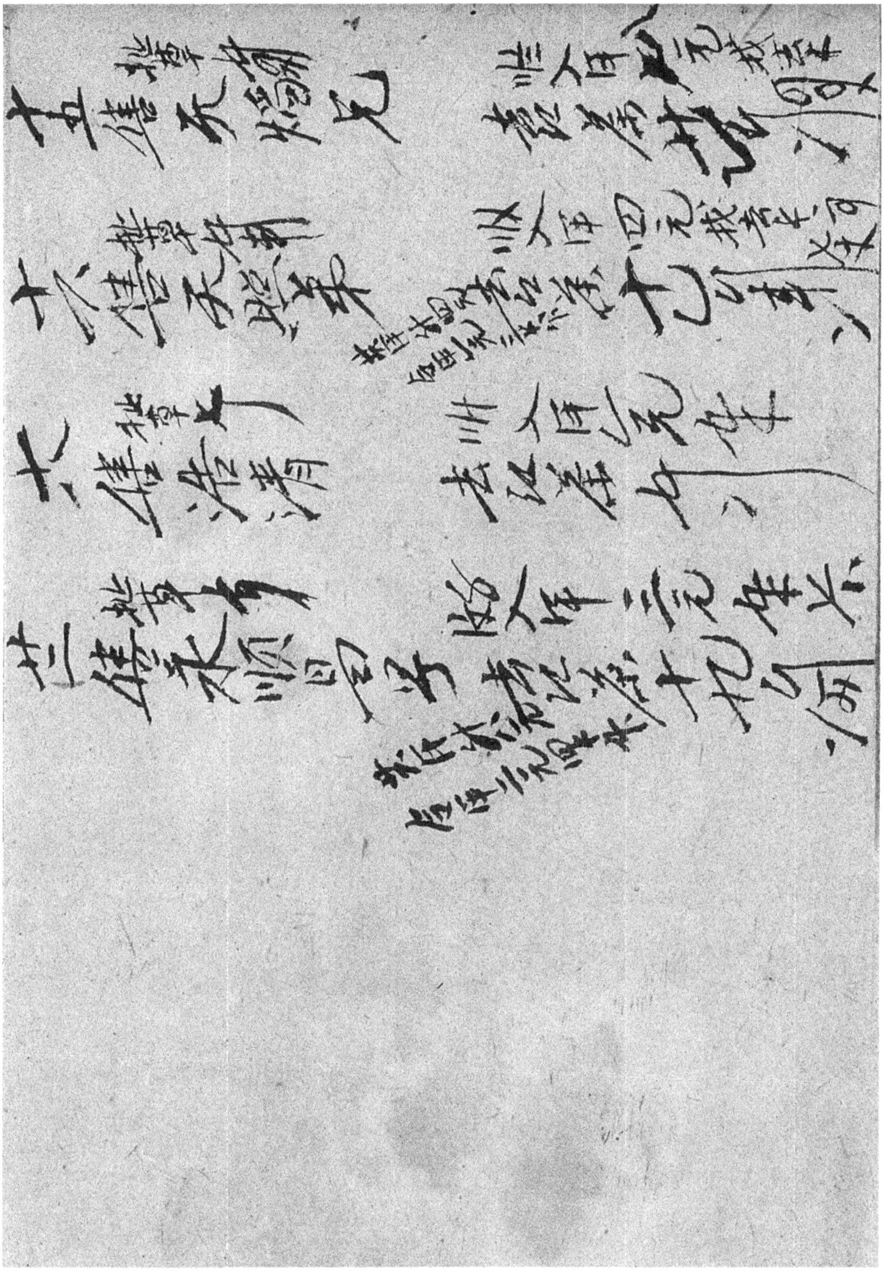

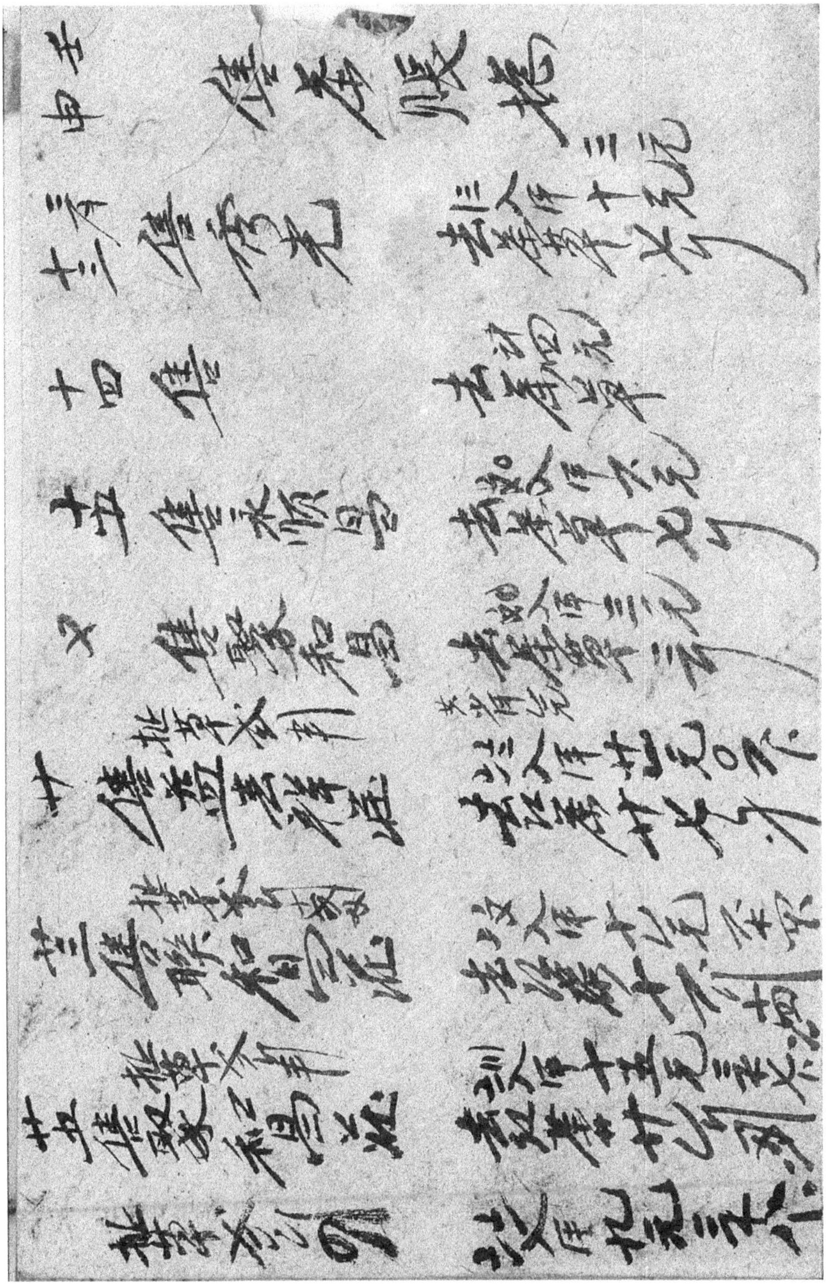

共售聚和昌号　去红茶十五箱[illegible]

批茶廿八箱　收入洋十二元半

芝售贵栈号　去红茶十七箱[illegible]

批茶十八箱　收入洋六元　找去洋[illegible]

花售外敬丰号　子敷　去红茶廿八[illegible]

批茶廿四箱　收入洋三元[illegible]

[illegible]售益嘉祥号　去红茶十[illegible]

批茶十六箱　收入洋四元[illegible]

[illegible]售益和隆号　去红茶十七箱[illegible]

批茶十八箱　收入洋[illegible]元[illegible]

[illegible]售益嘉祥号　去红茶十[illegible]

批茶十八箱　收入洋六元

[illegible]售合外敬子　去红茶廿[illegible]

共洋[illegible]十[illegible]元[illegible]

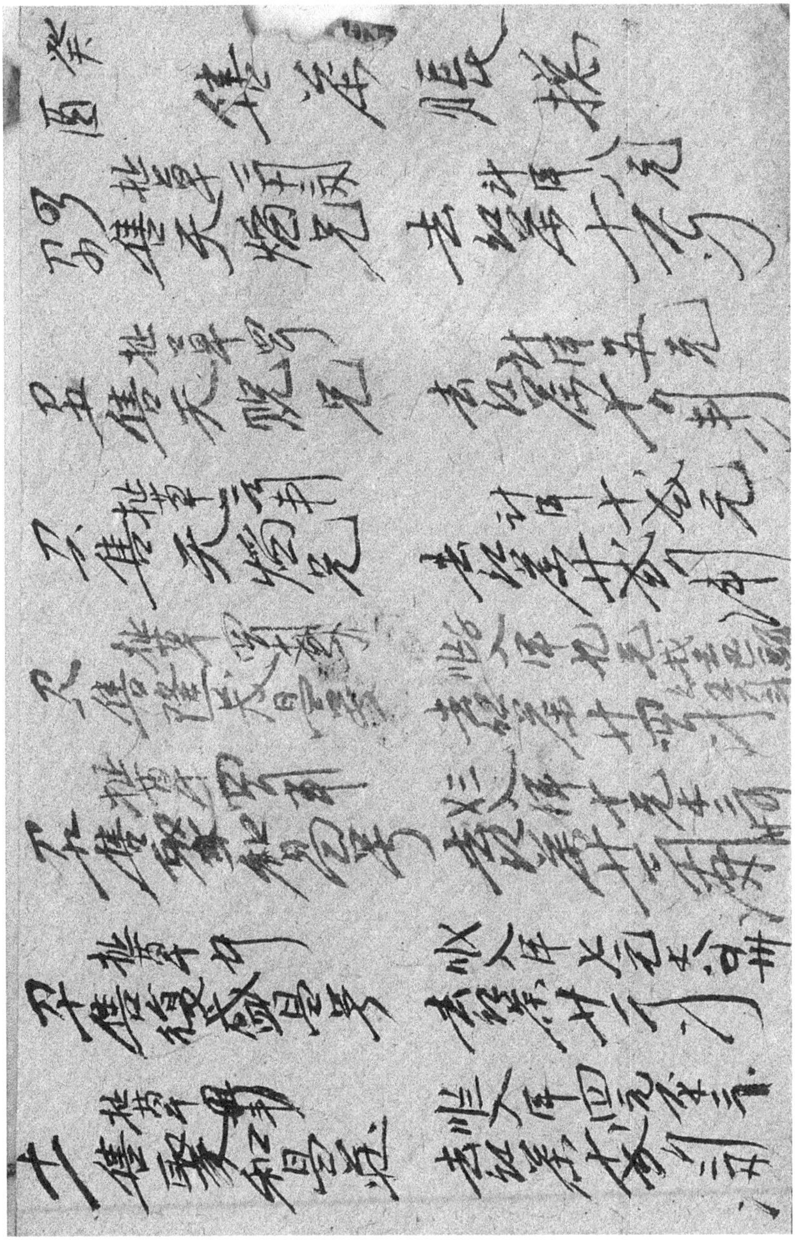

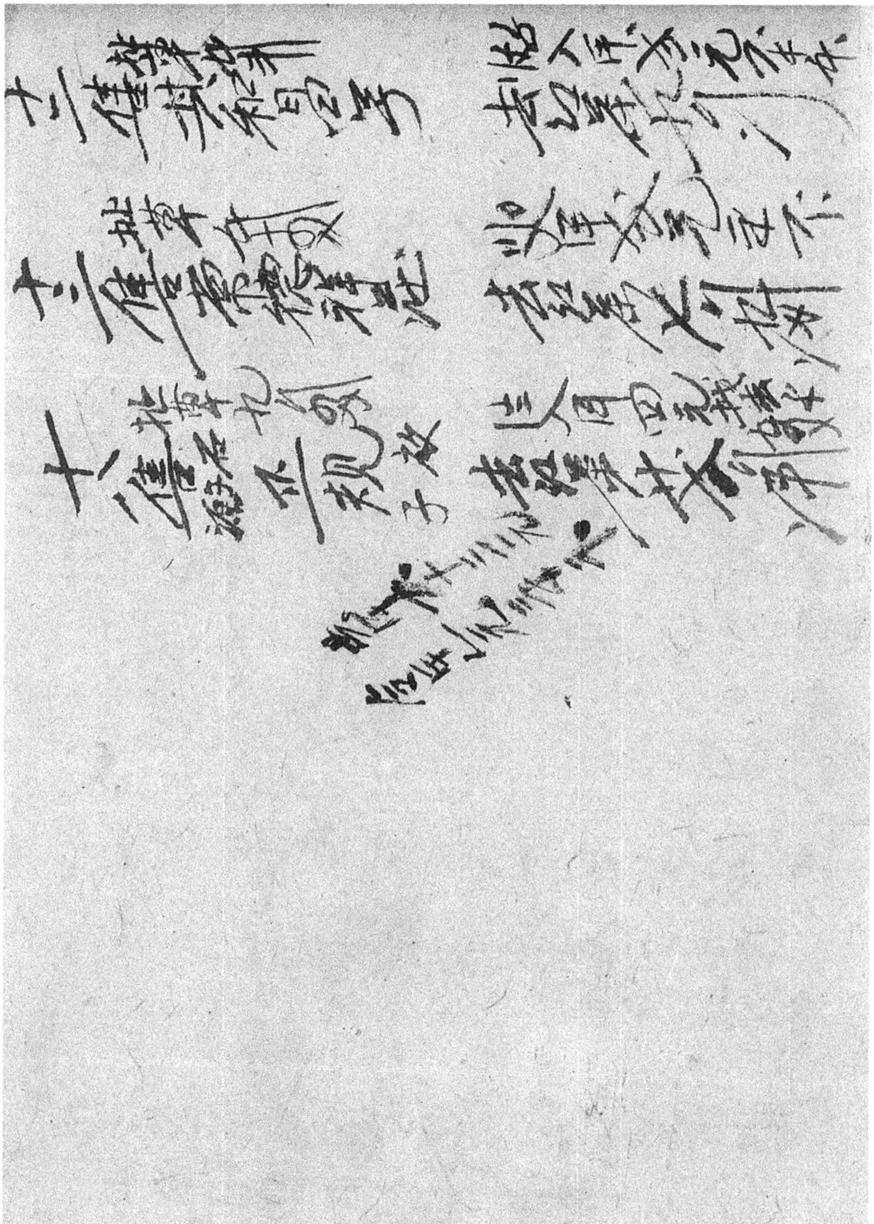

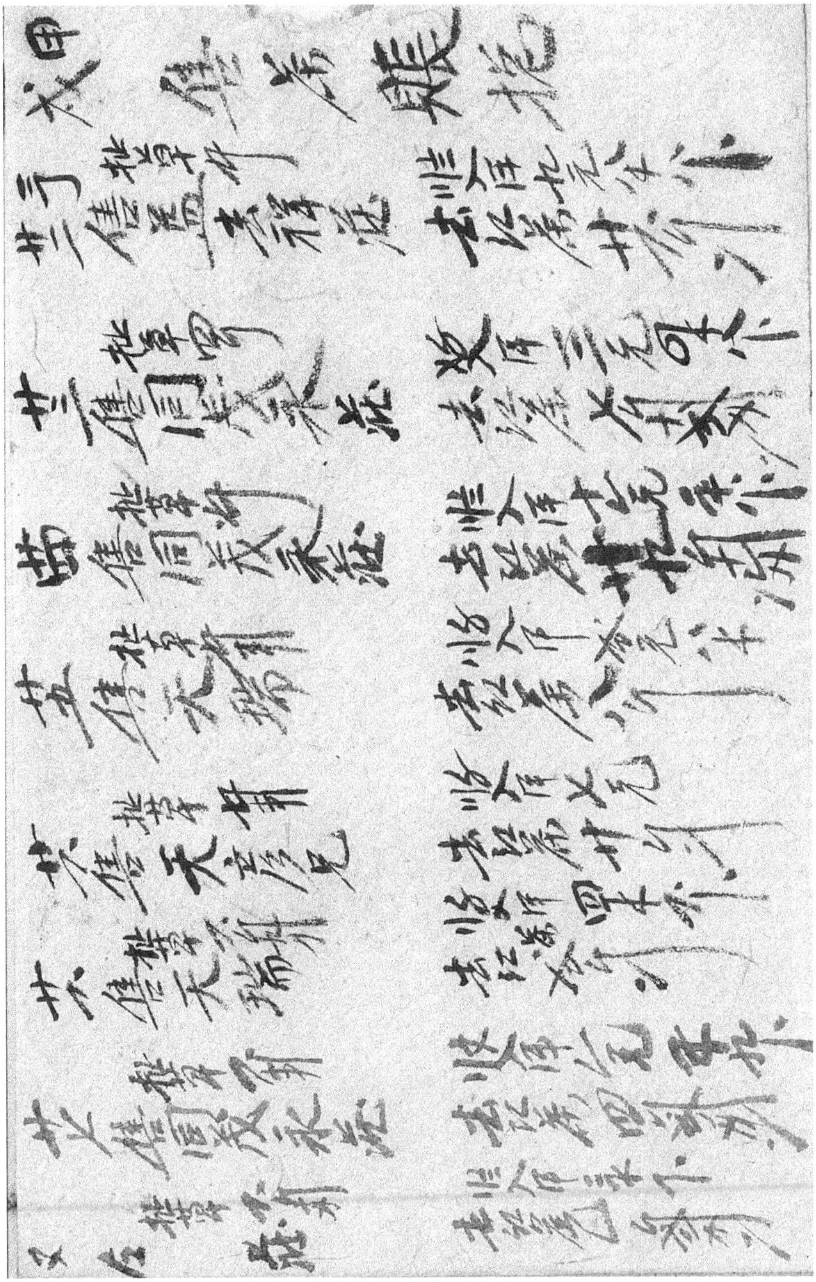

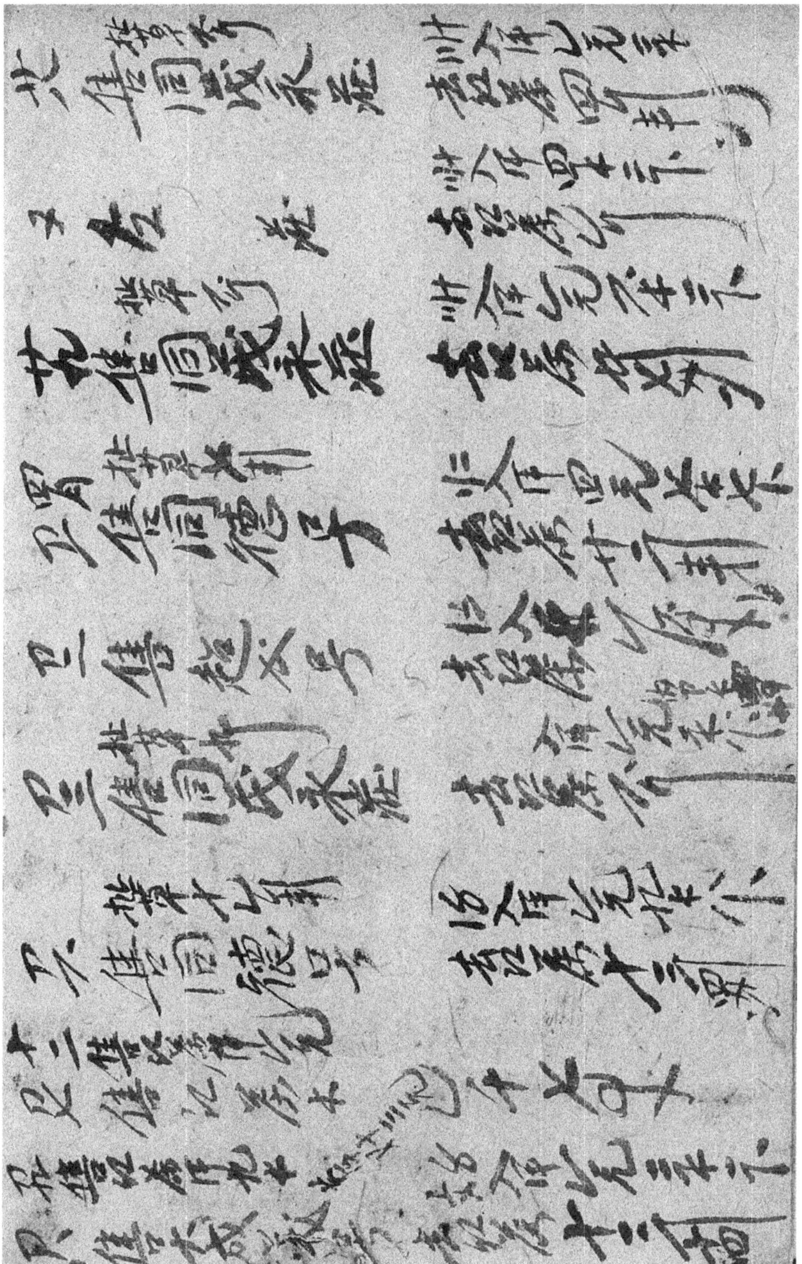

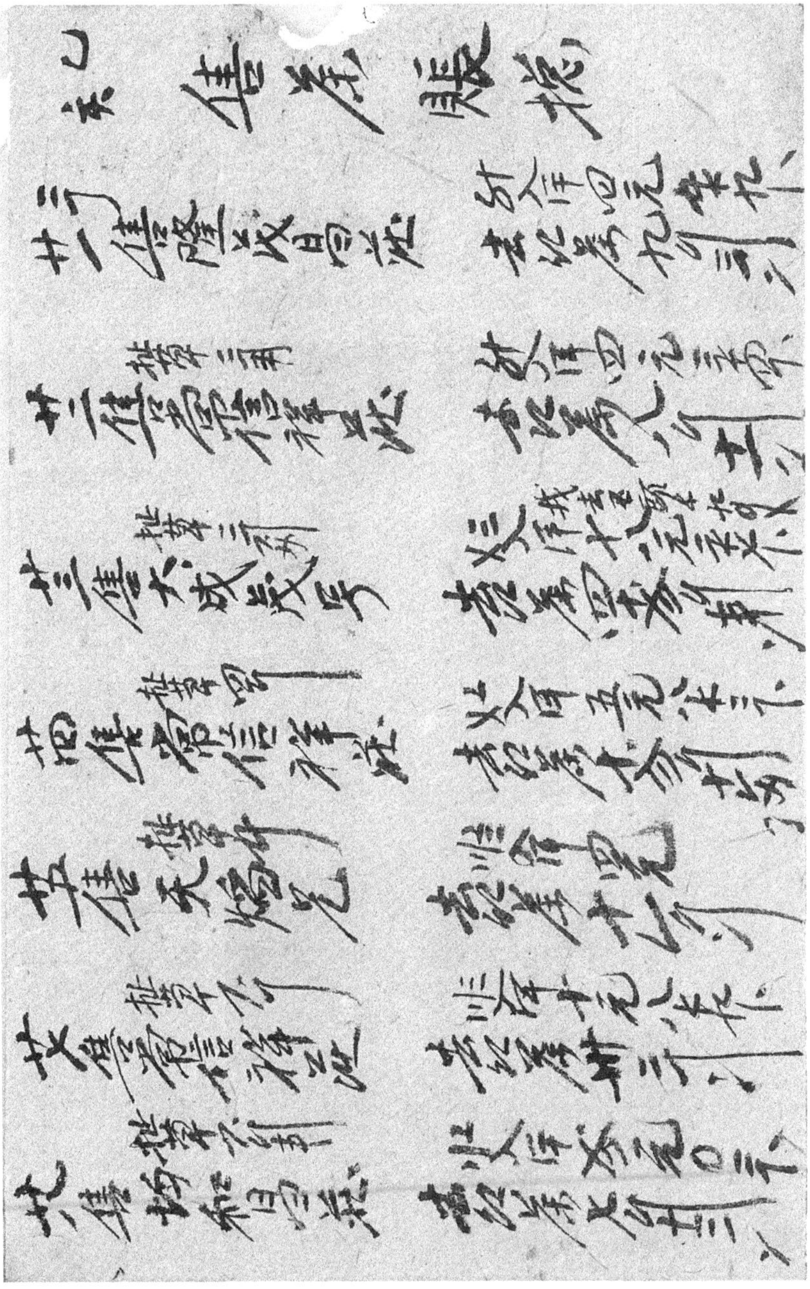

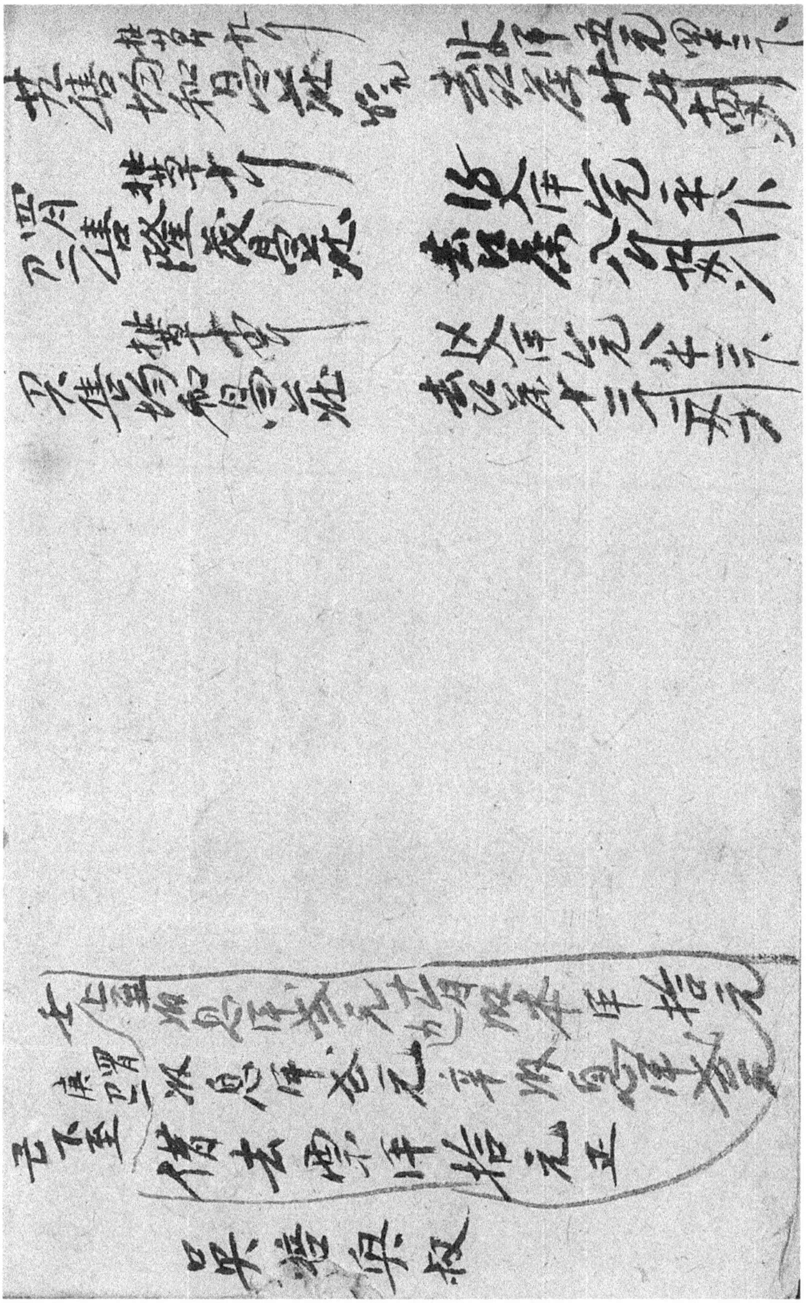

丙子 售茶账摺

又三月初十 售均和昌庄 去茶四十[illegible] 计入洋[illegible]元

批草[illegible]

十一 售泰和昌 去茶十二[illegible] 计入洋四元[illegible]

批草[illegible]

十三 售常信祥庄 去茶卅[illegible] 计入洋七元[illegible]

批草[illegible]

又 仝庄 去茶十三[illegible] 计入洋三元[illegible]

批草[illegible]

十四 售济和春号 去茶卅[illegible] 计入洋七元〇[illegible]

批草[illegible]

十五 售同华祥庄 去茶十[illegible] 计入洋[illegible]元[illegible]

十六 售济和春号 去茶廿[illegible] 计入洋四元[illegible]

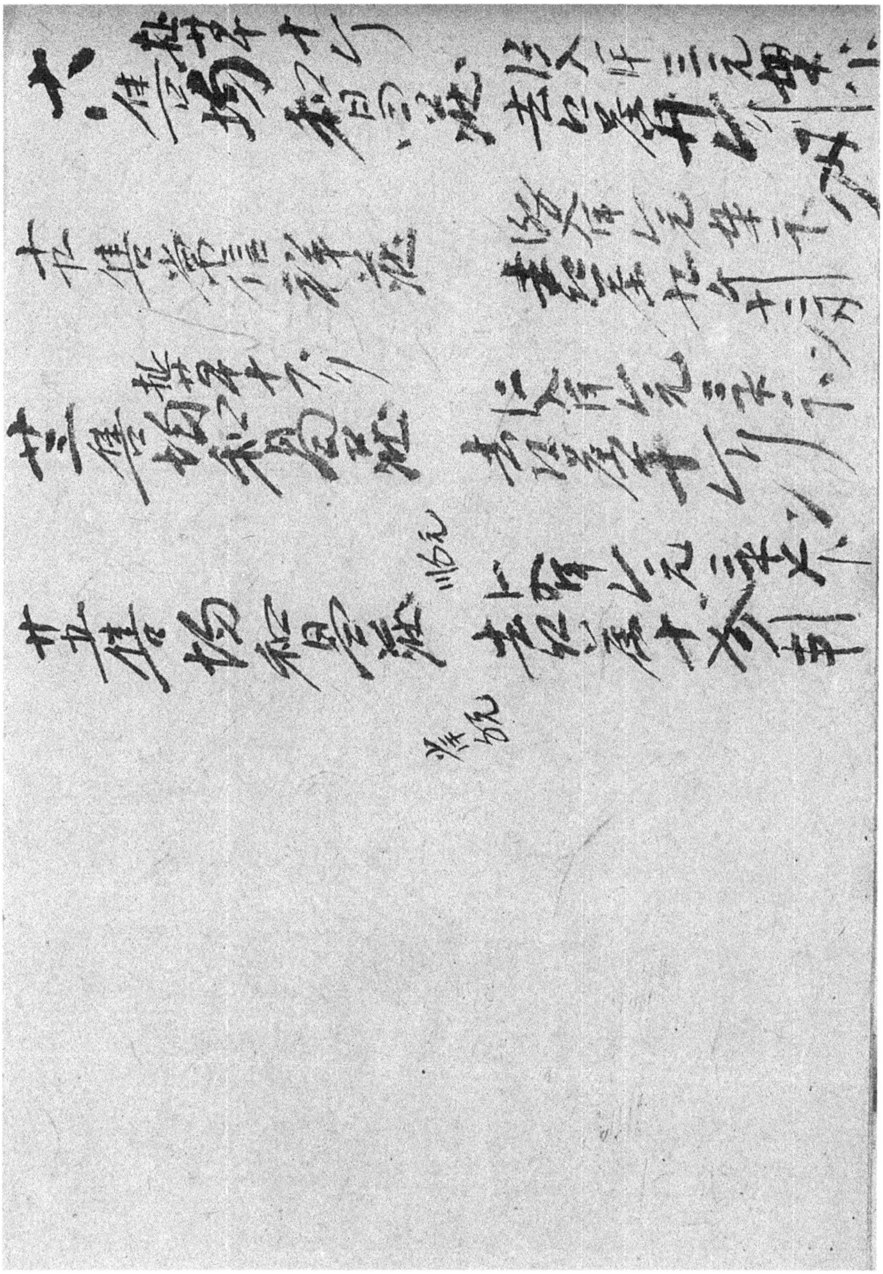

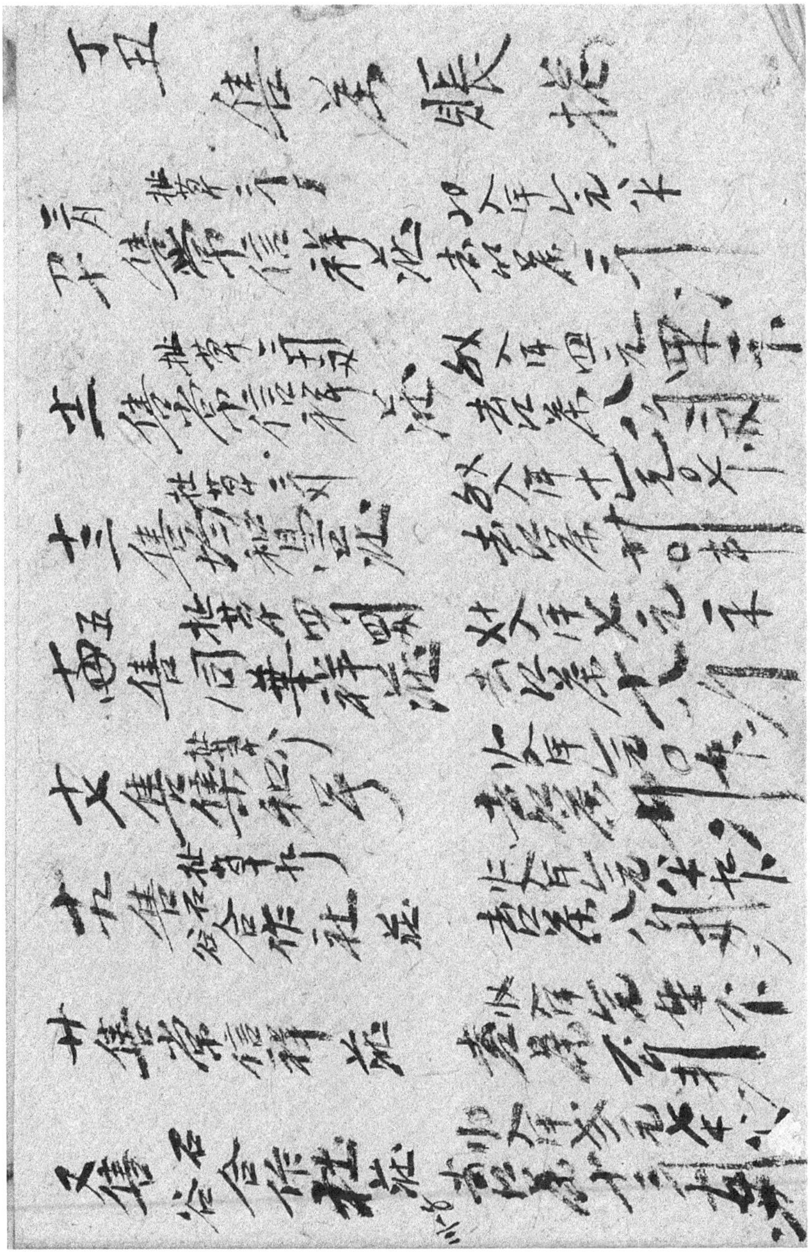

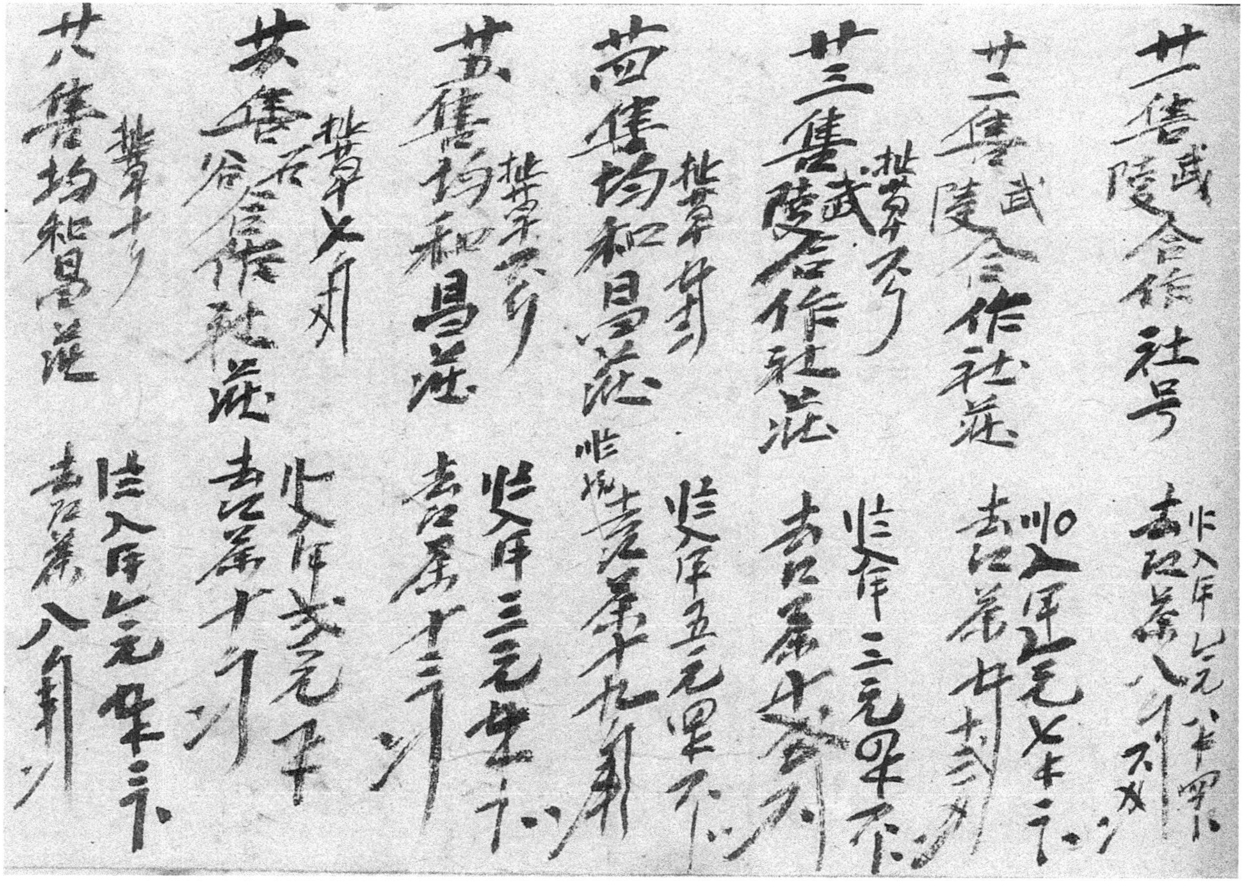

廿一售武陵合作社号　去红茶八件　收入洋[illegible]

廿二售武陵合作社号　去红茶廿件　收入洋[illegible]

廿三售武陵合作社号　批草叁分　去红茶[illegible]　收洋三元[illegible]

廿四售均和昌号　批草[illegible]　去红茶十九件　收洋五元[illegible]

廿五售均和昌号　批草[illegible]　去红茶十三件　收洋三元[illegible]

廿六售[illegible]合作社号　批草[illegible]　去红茶十[illegible]　收入洋[illegible]

廿八售均和昌号　批草十[illegible]　去红茶八件　收入洋[illegible]

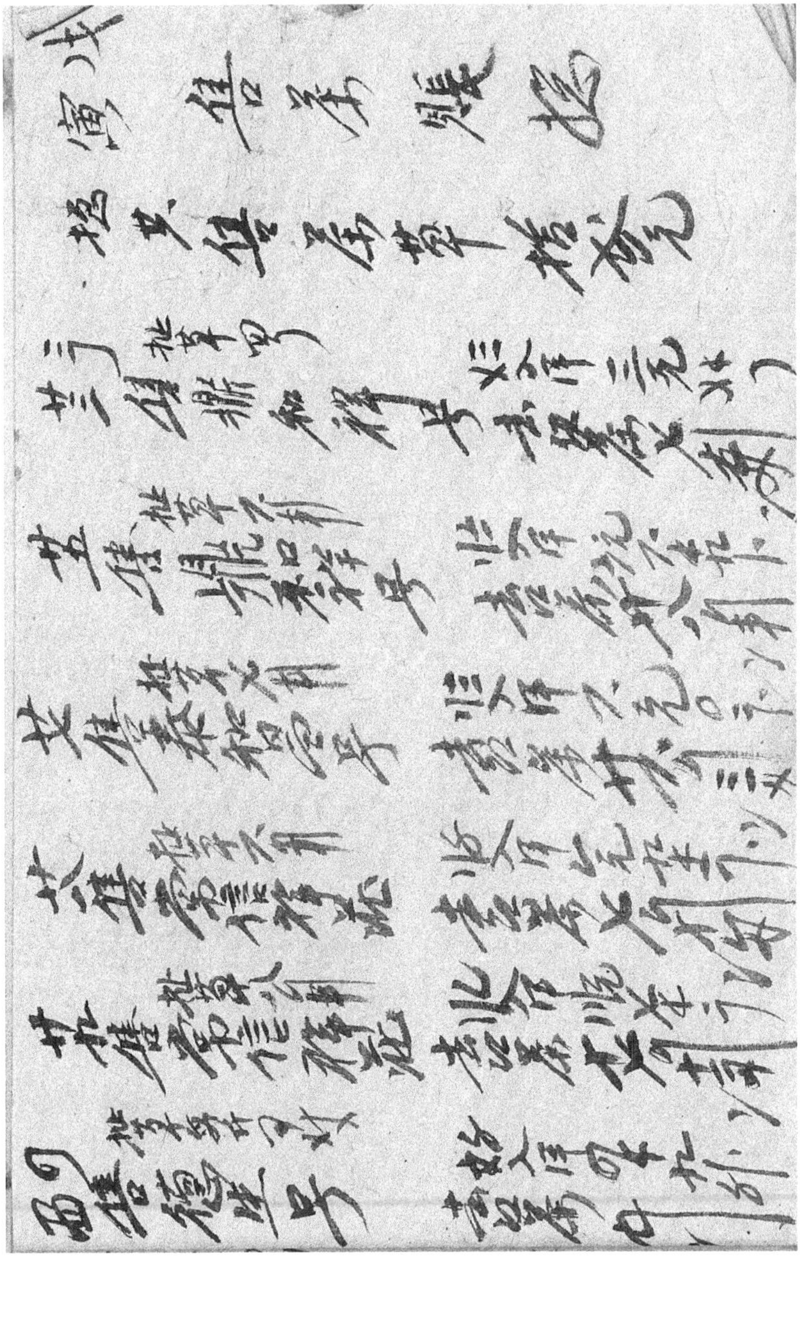

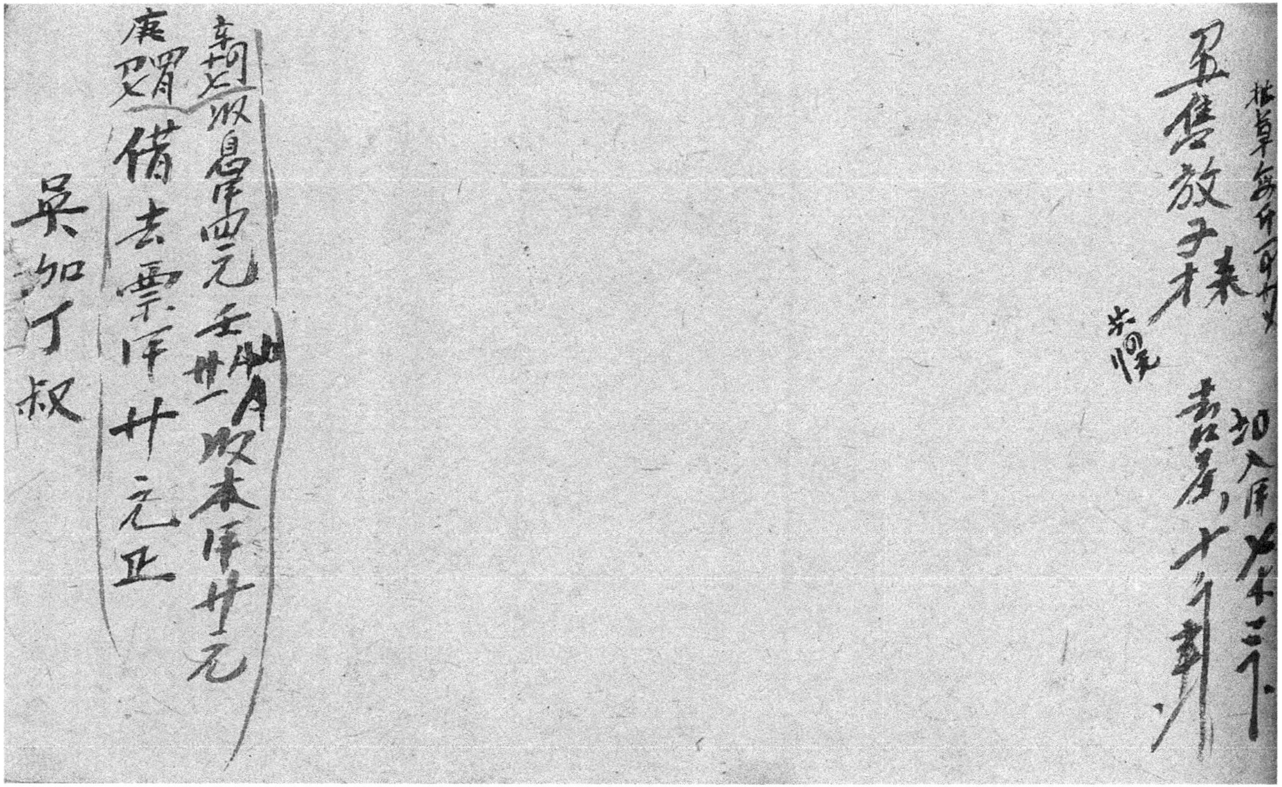

枇卓每斤四分五

又售放子才来 共四十

加入洋八十三千

去洋十二两

辛酉又收息洋四元 壬戌卅一收本洋廿元

庚戌又借去票洋廿元正

吴加丁叔

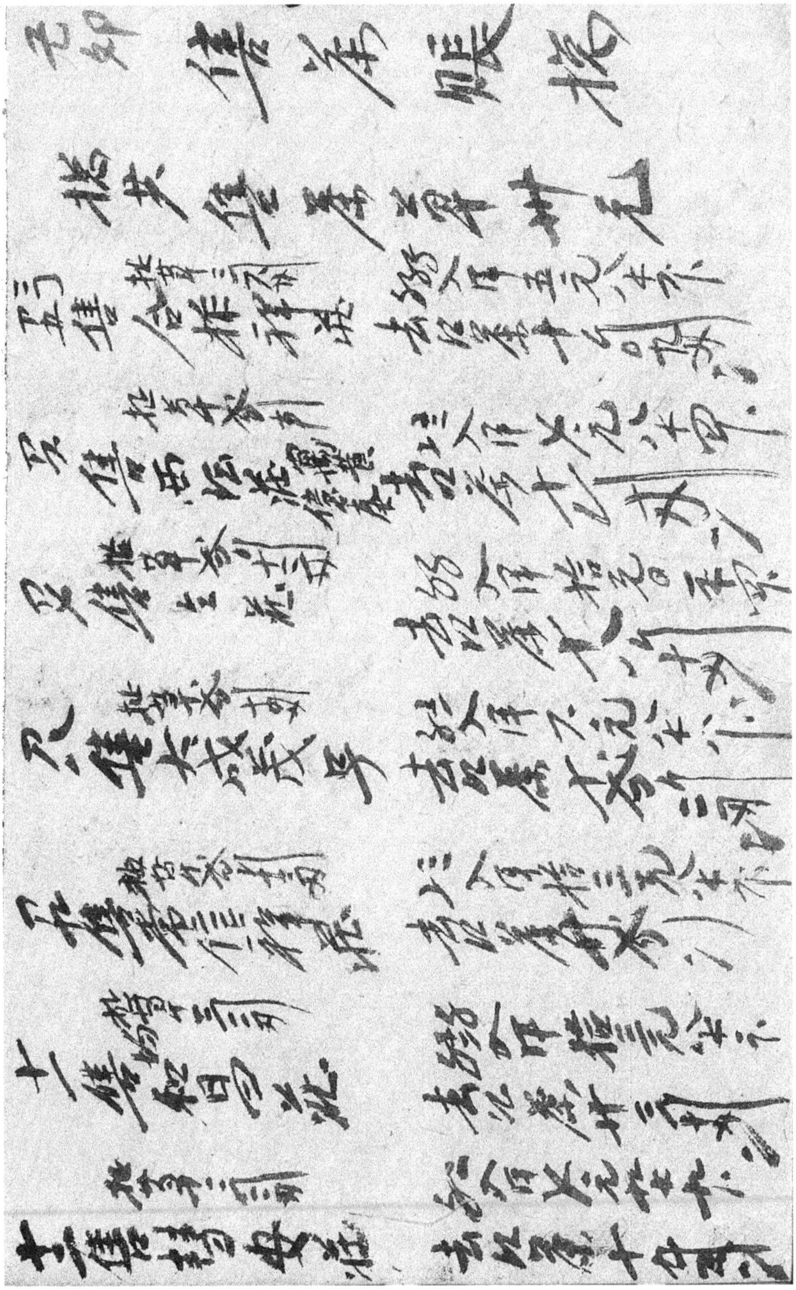

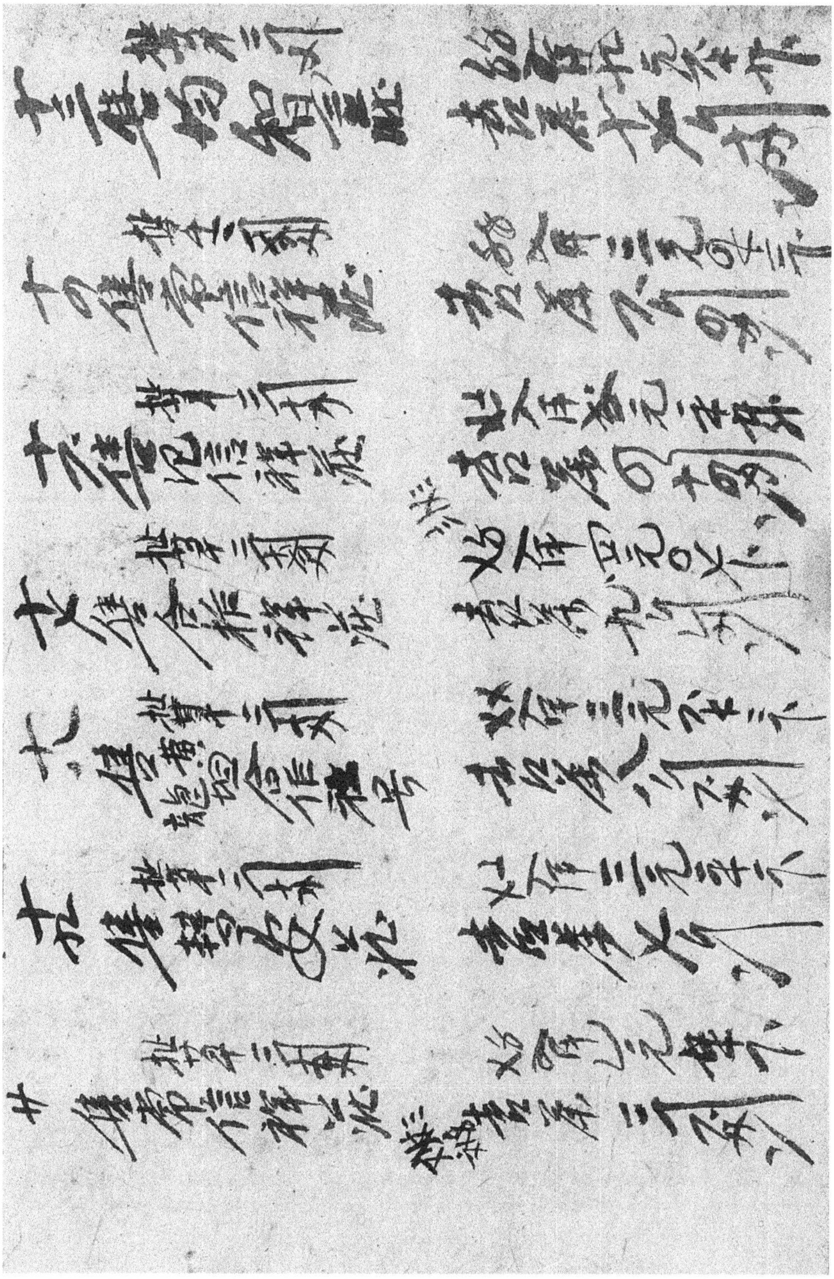

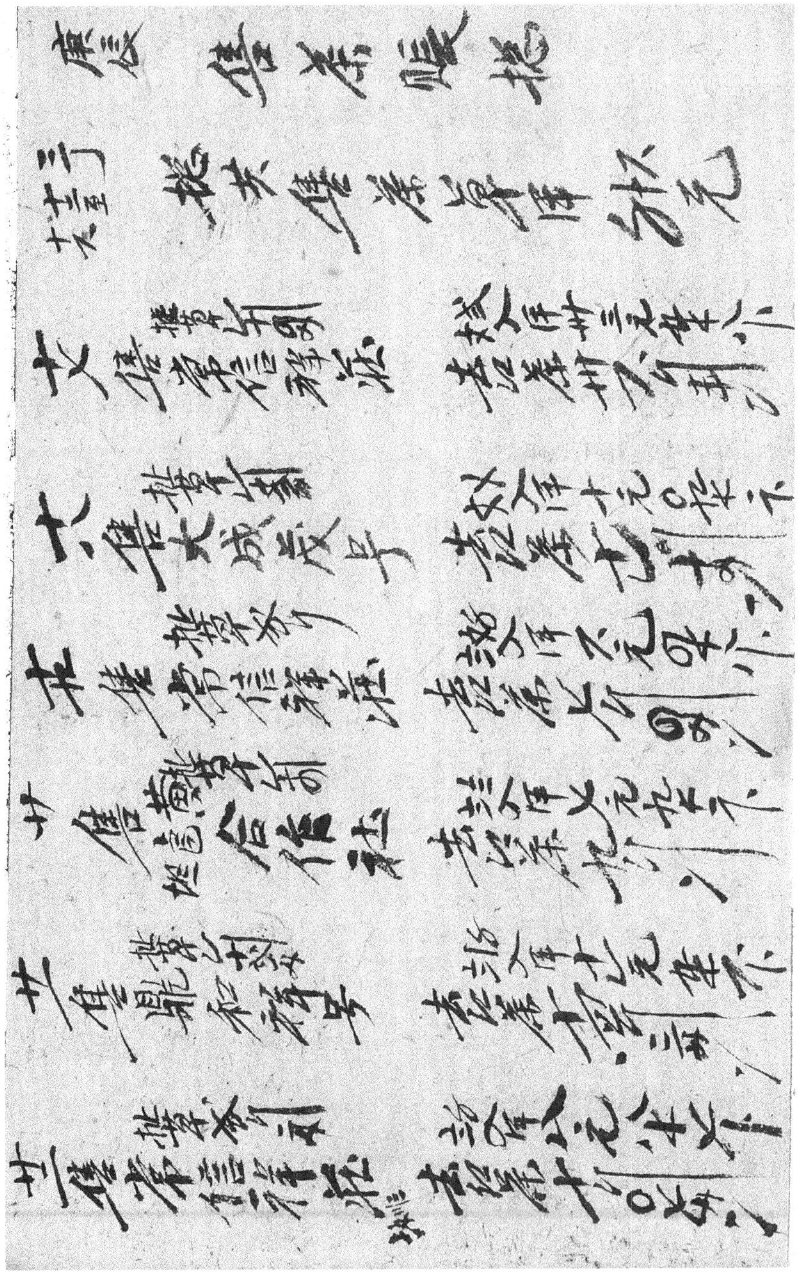

庚辰　售茶賬　總

三月十三至十六　總共售茶草洋

十七　售常信祥莊　去紅茶

十八　售大成茂号　去紅茶

十九　售常信祥莊　去紅茶

廿　售黄記合作社　去紅茶

廿一　售鼎和祥号　去紅茶

廿三　售常信祥莊　去紅茶

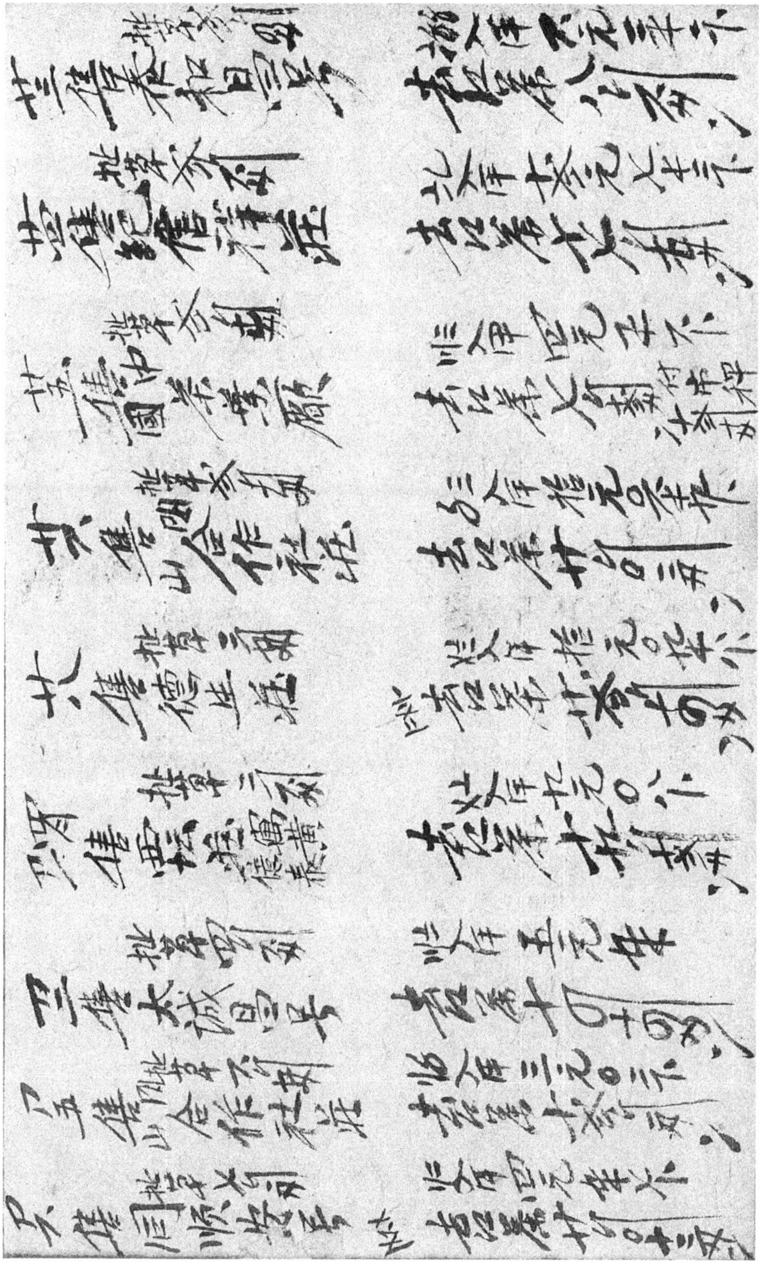

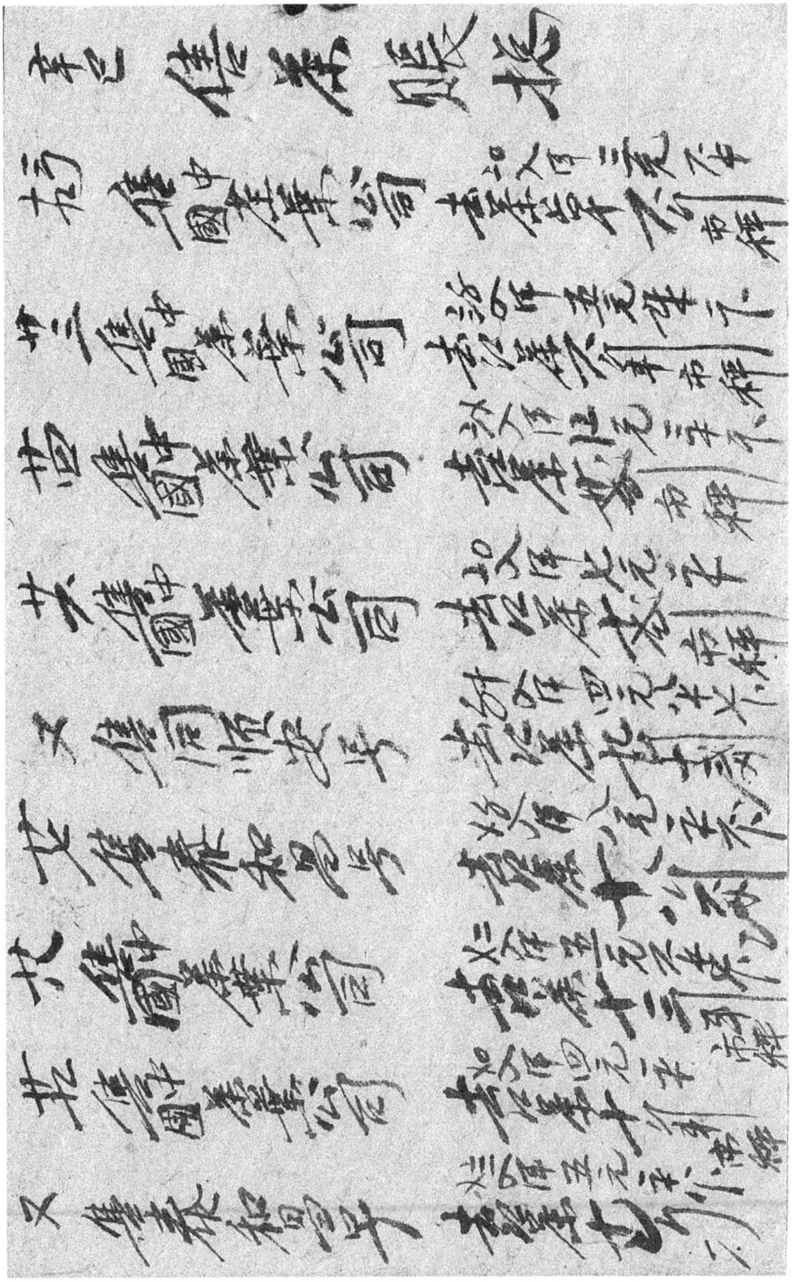

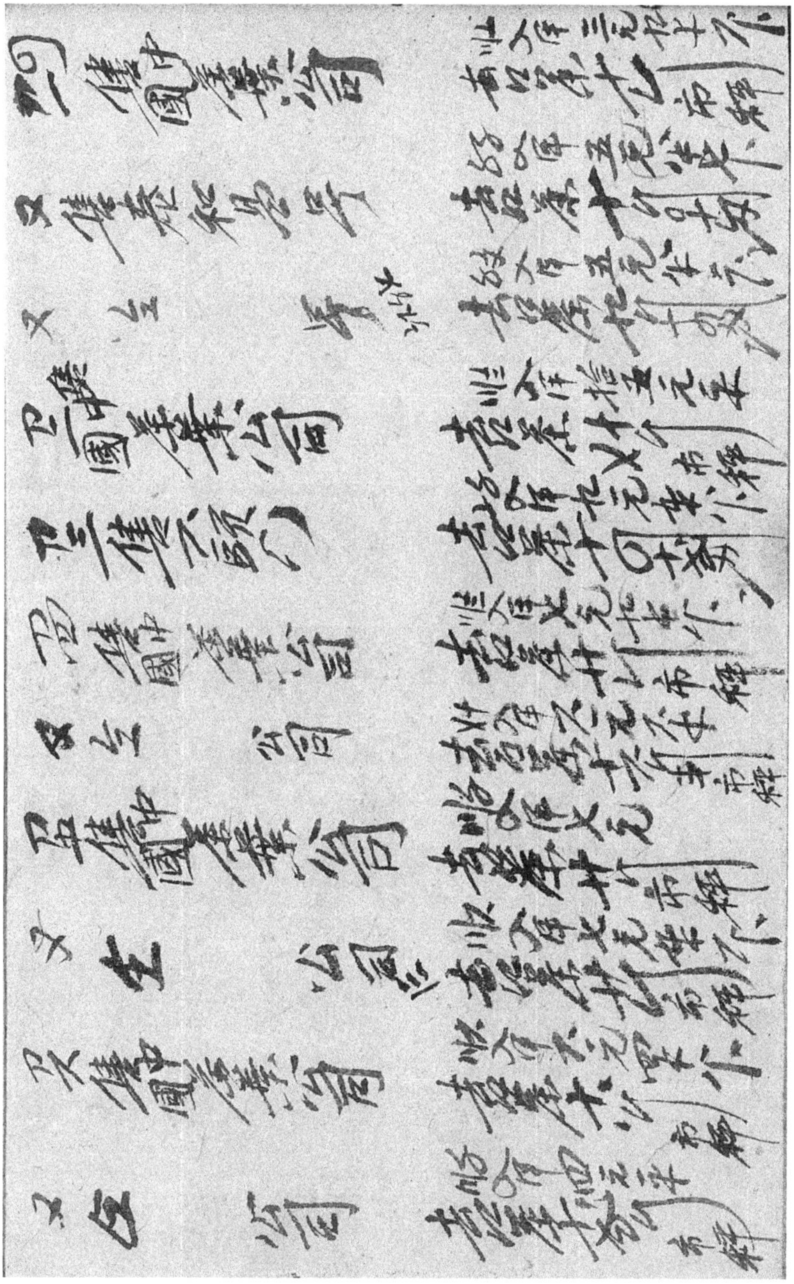

初八售和昌号

又售裕盛昌号

初九售中國茶葉公司

十一售滙豐祥号

十二售中國茶葉公司

十三售同德号

又售中國茶葉公司

收大洋五元

青茶十斤

收大洋四元

青茶十七斤

收大洋十元〇

青茶卅二斤

收大洋三元

青茶十斤

收大洋七元〇

青茶廿二斤

收大洋七元

青茶八斤

收大洋四元

青茶十斤

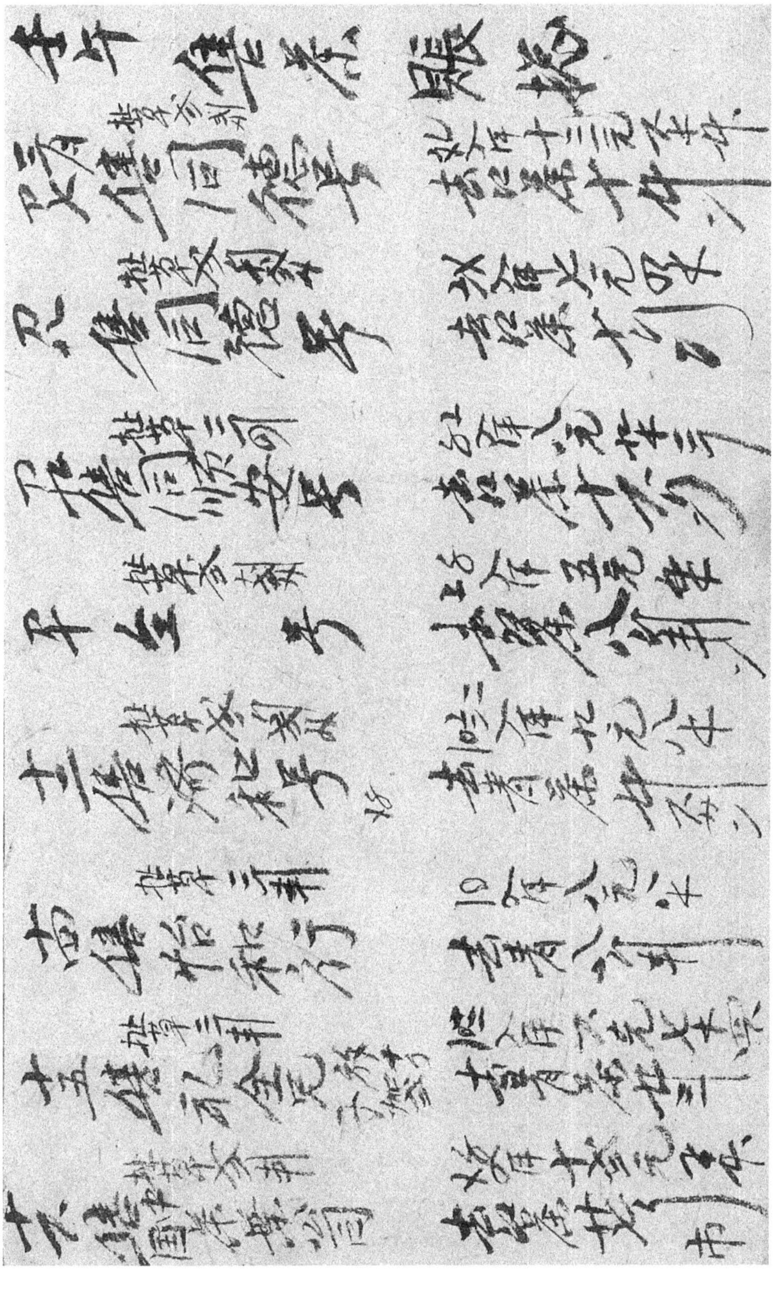

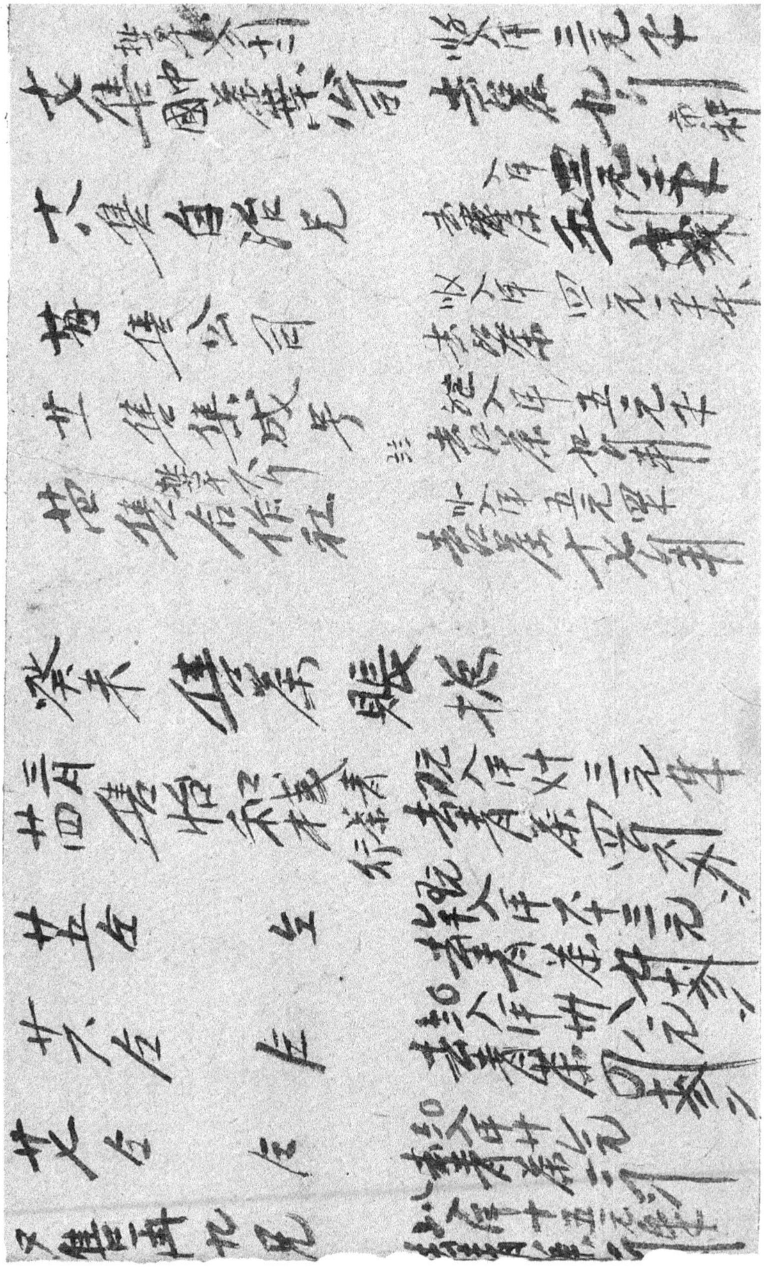

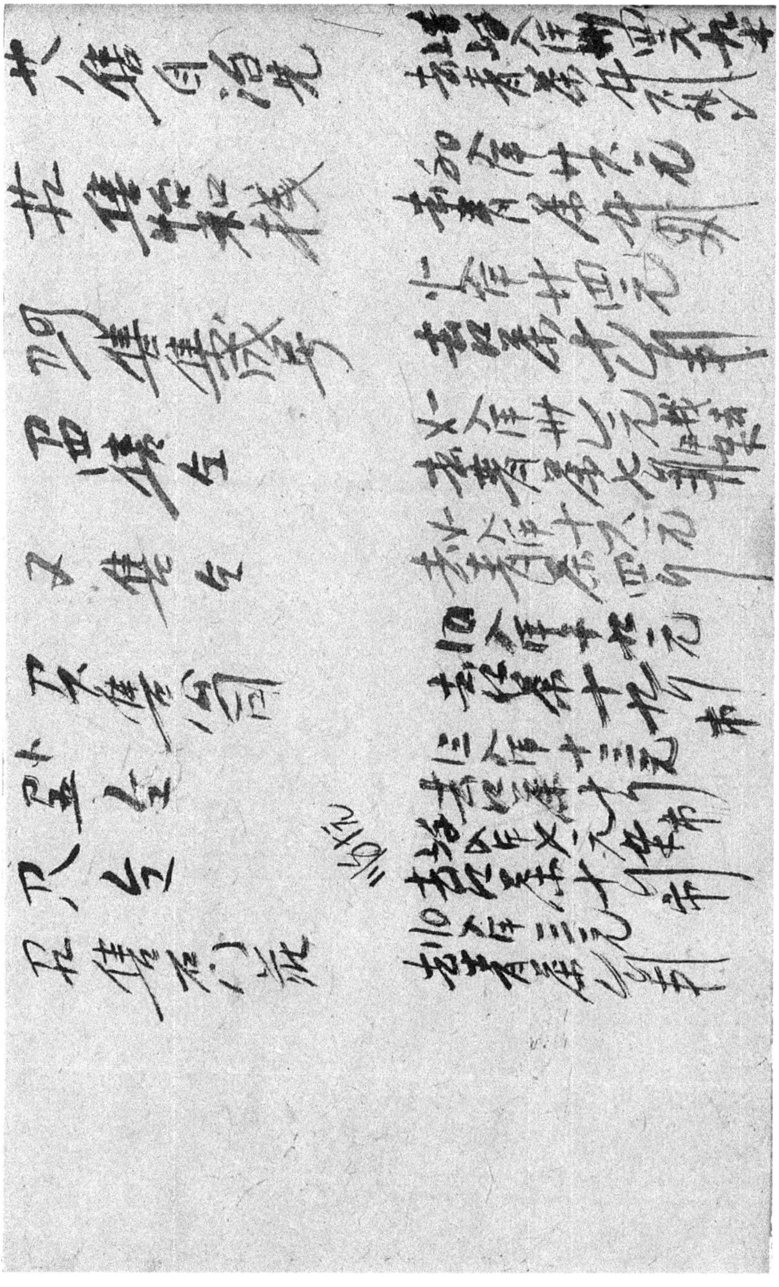

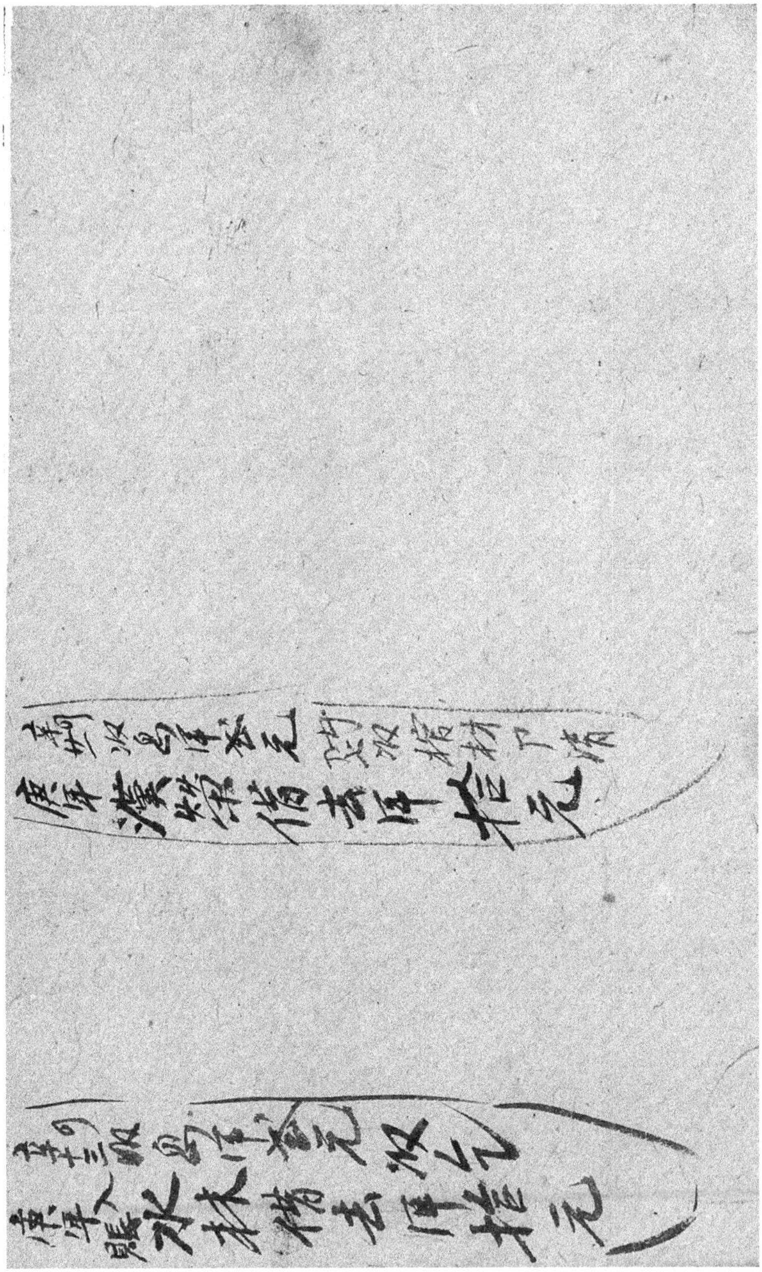

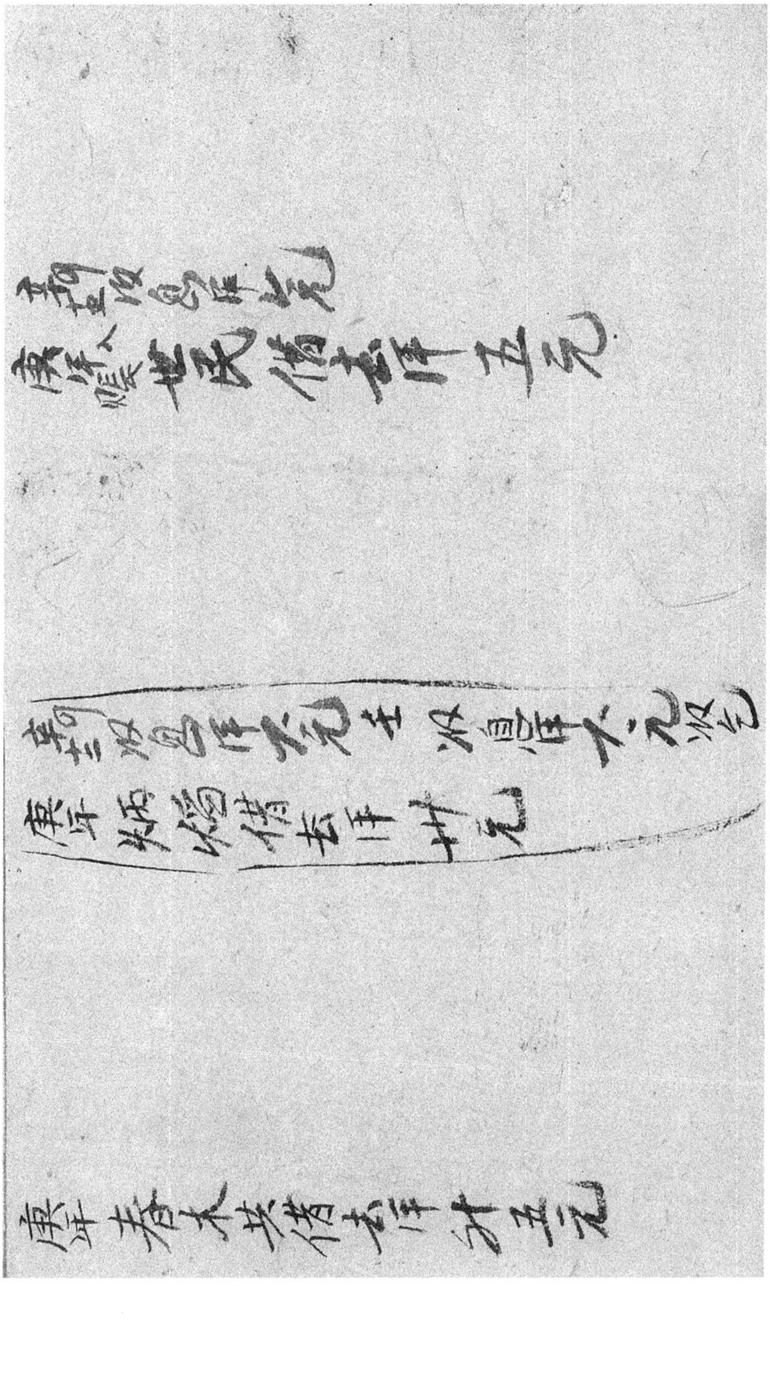

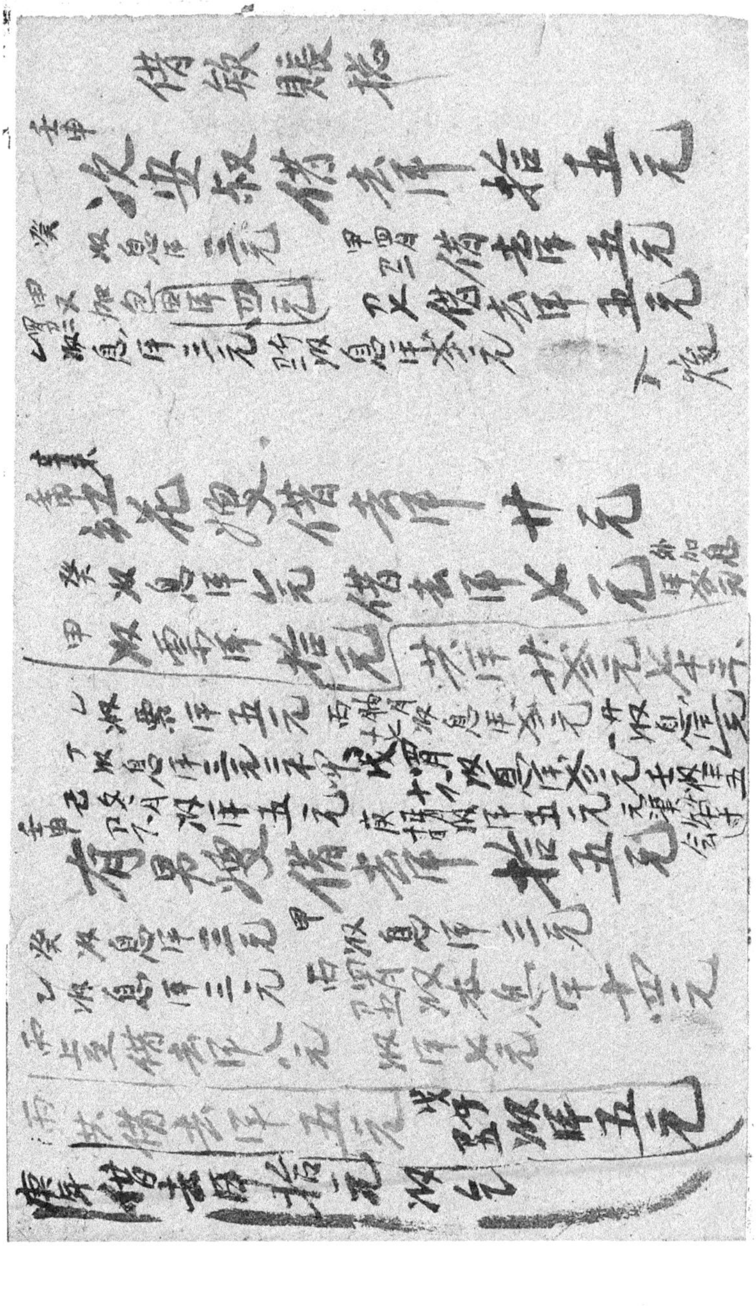

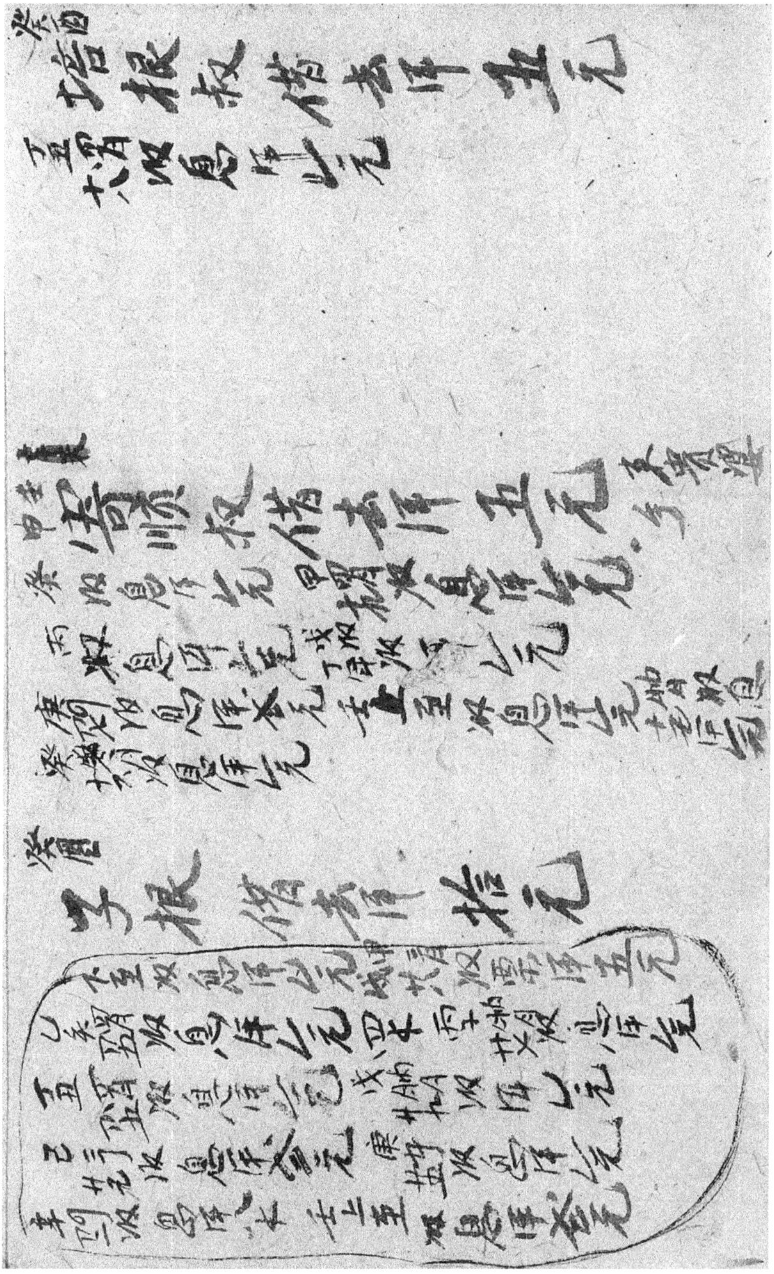

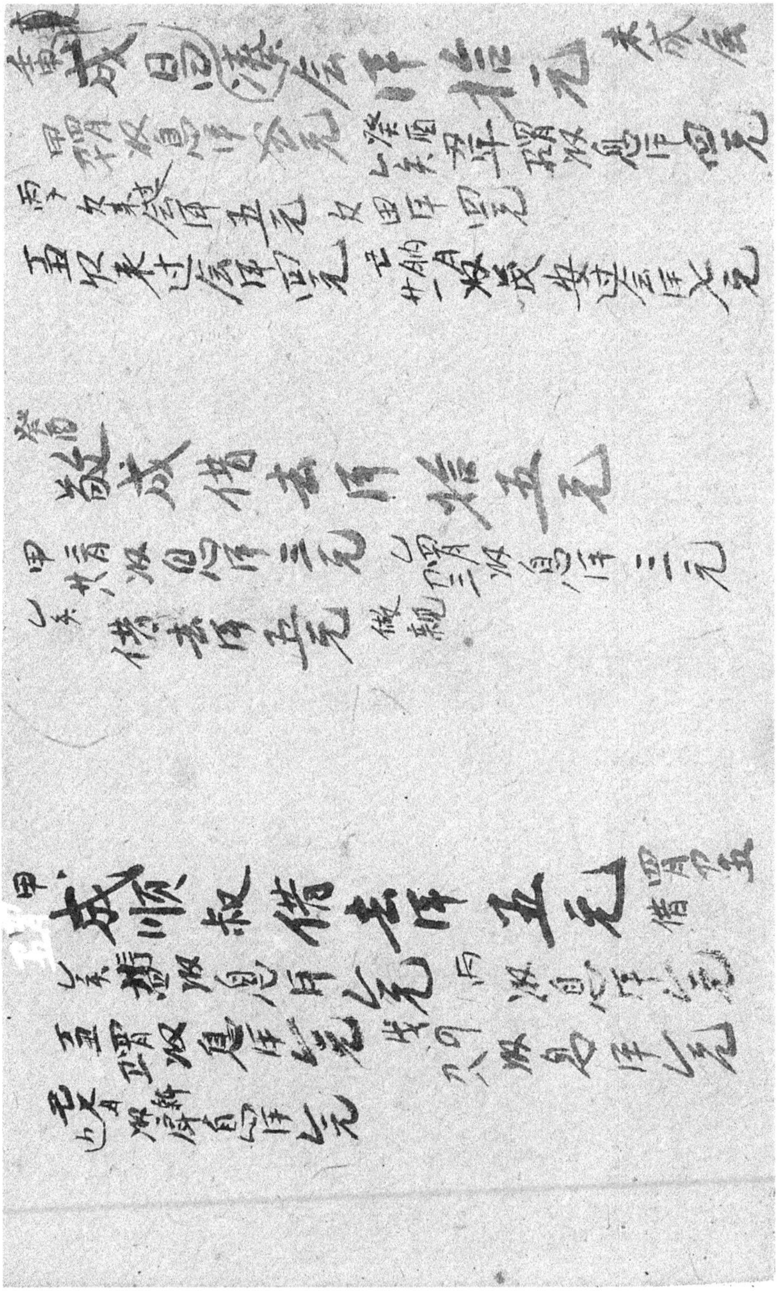

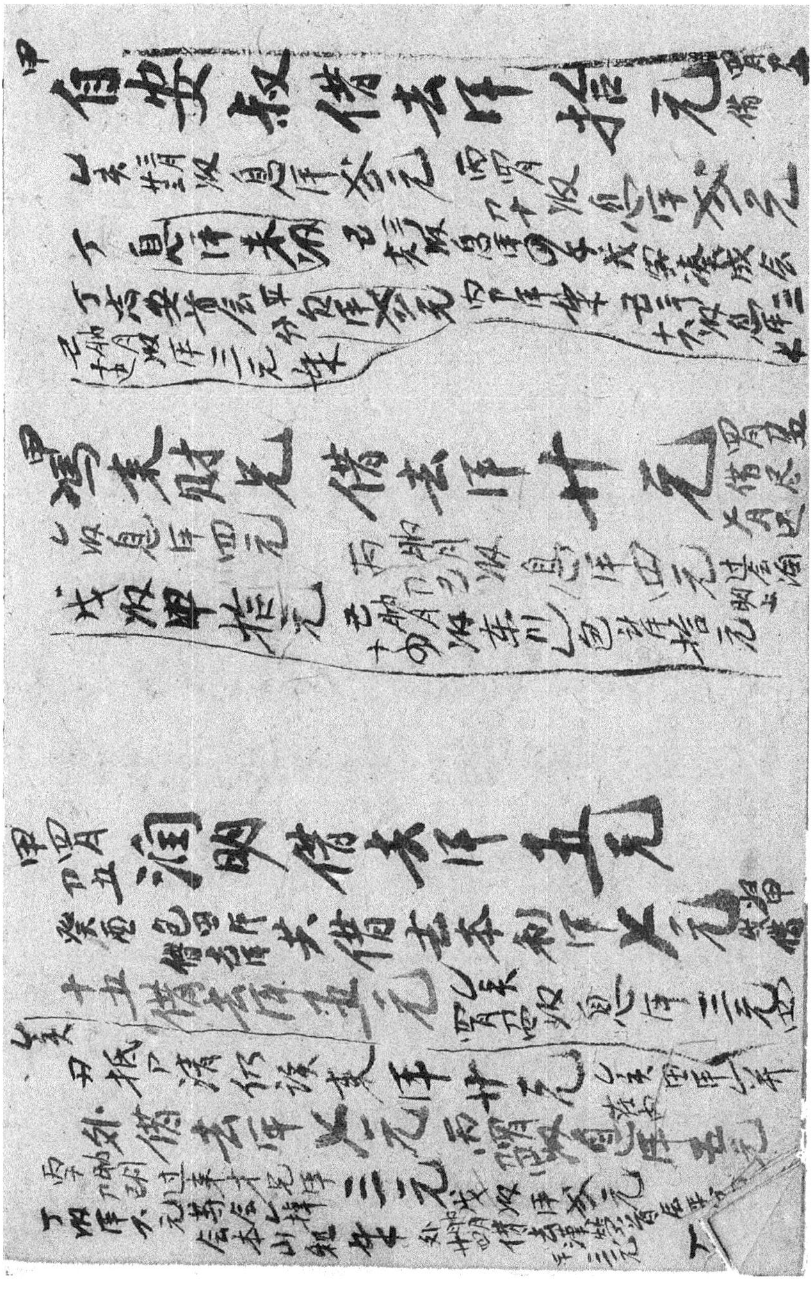

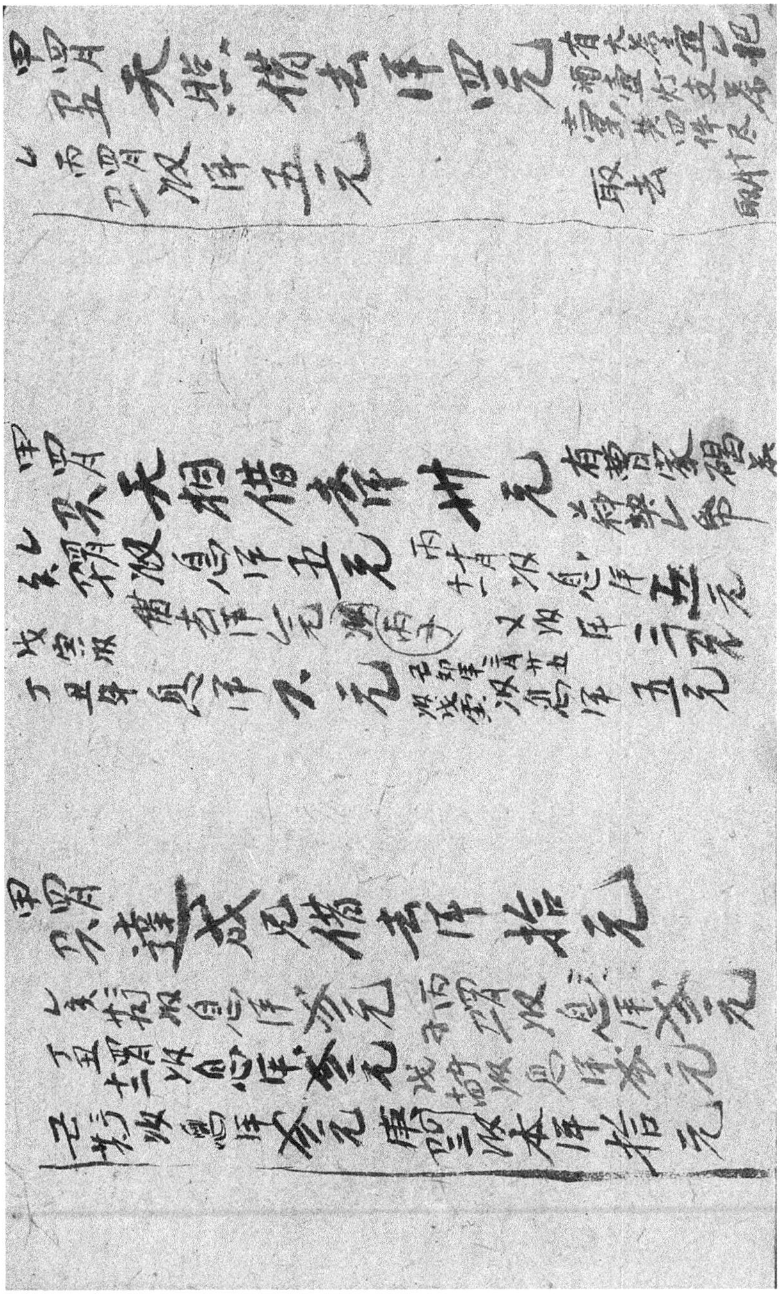

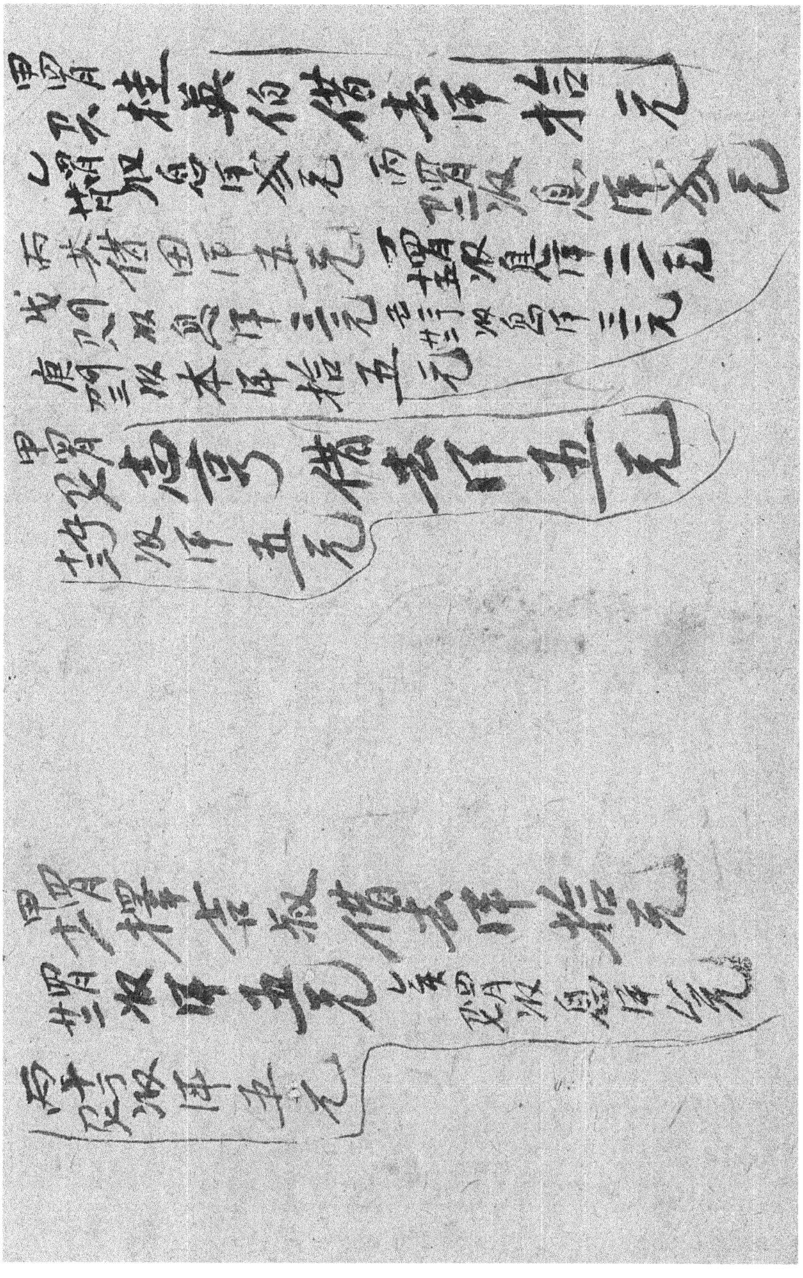

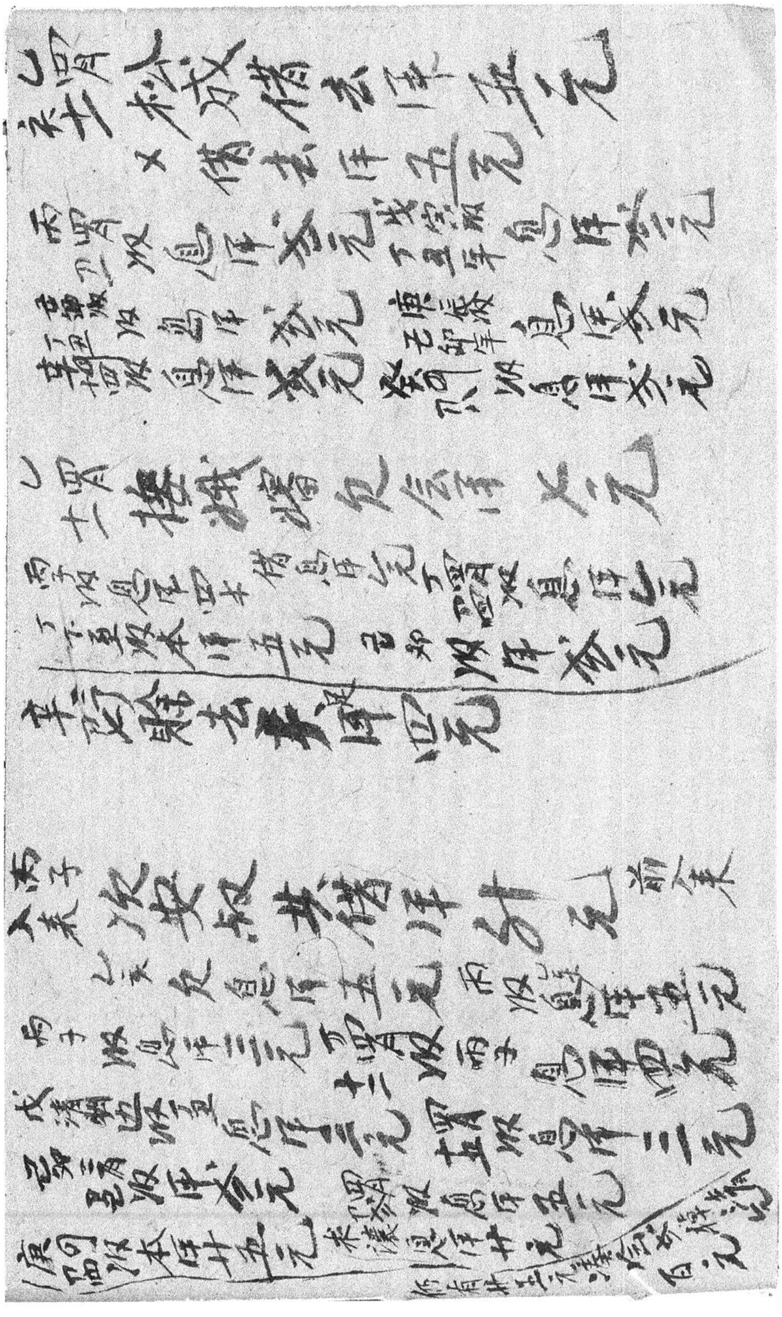

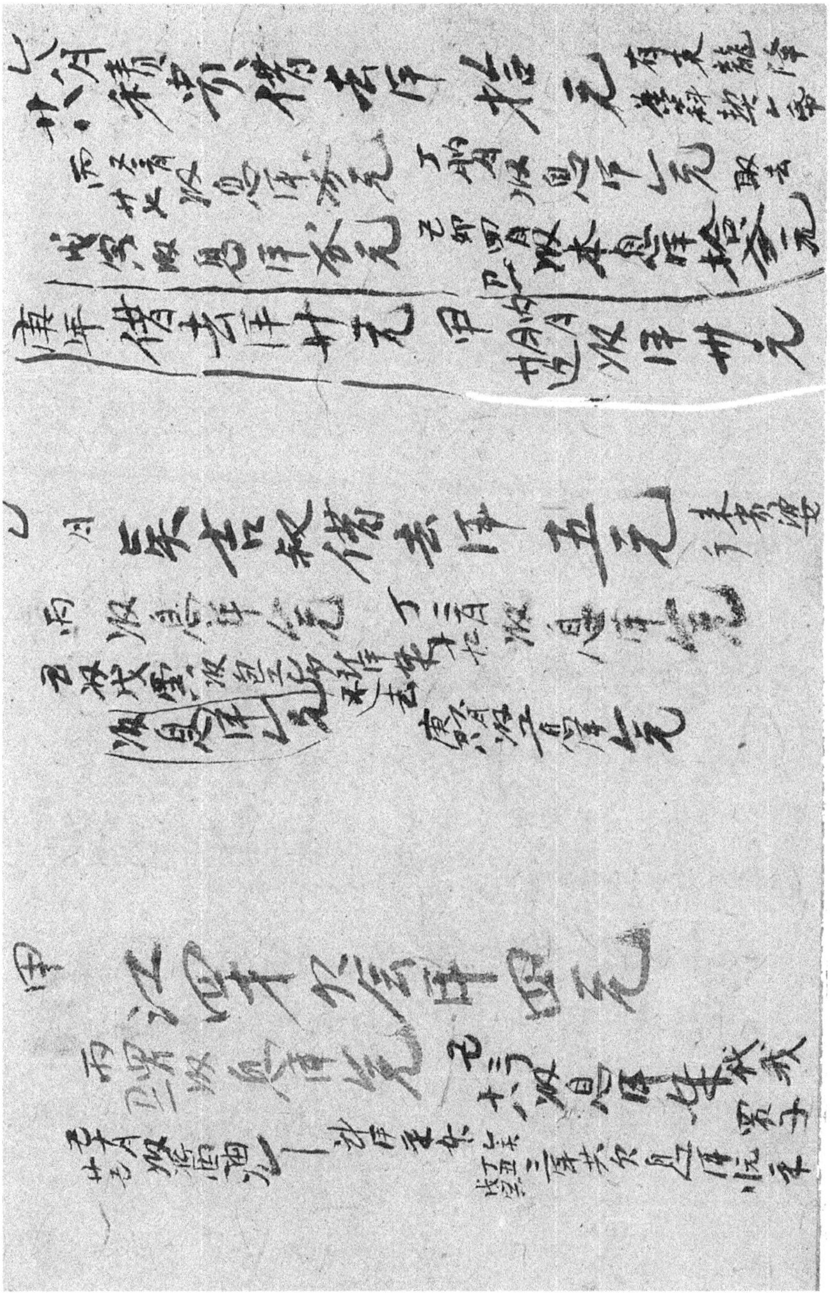

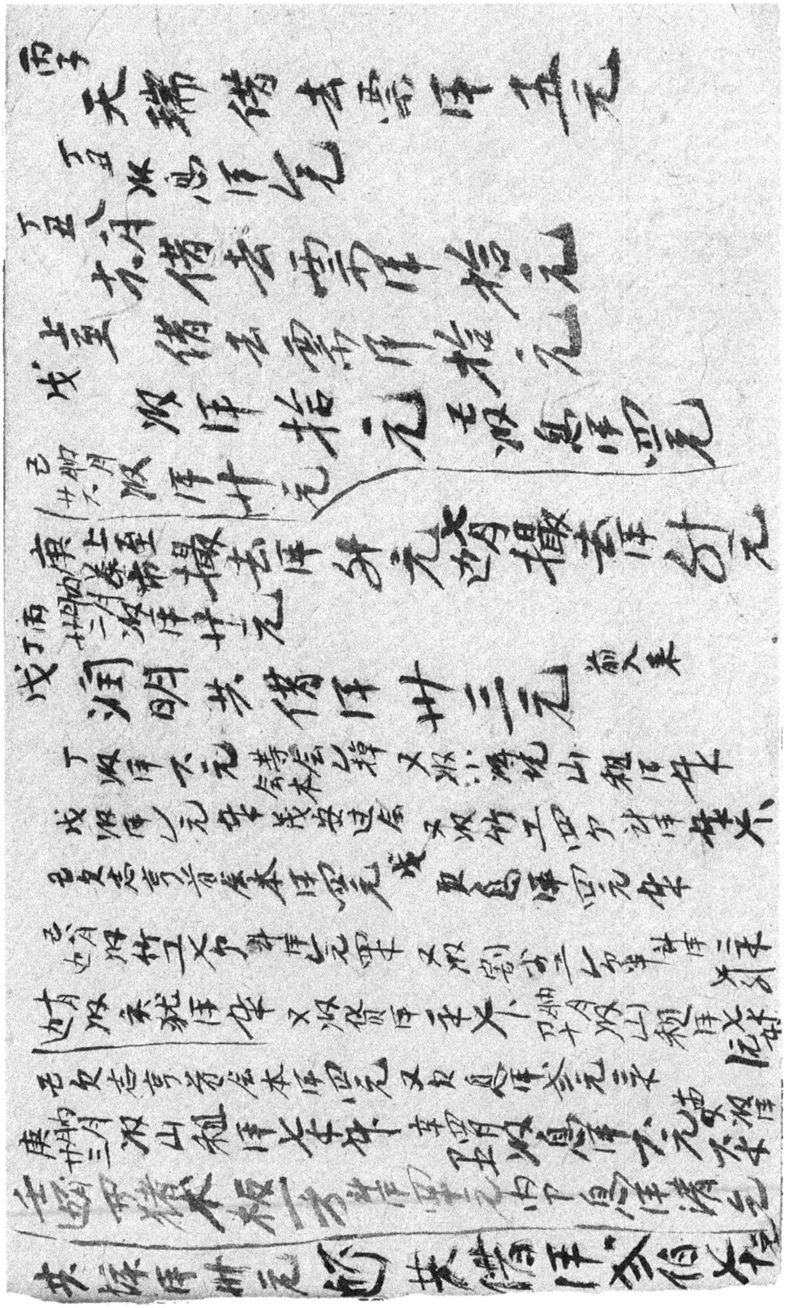

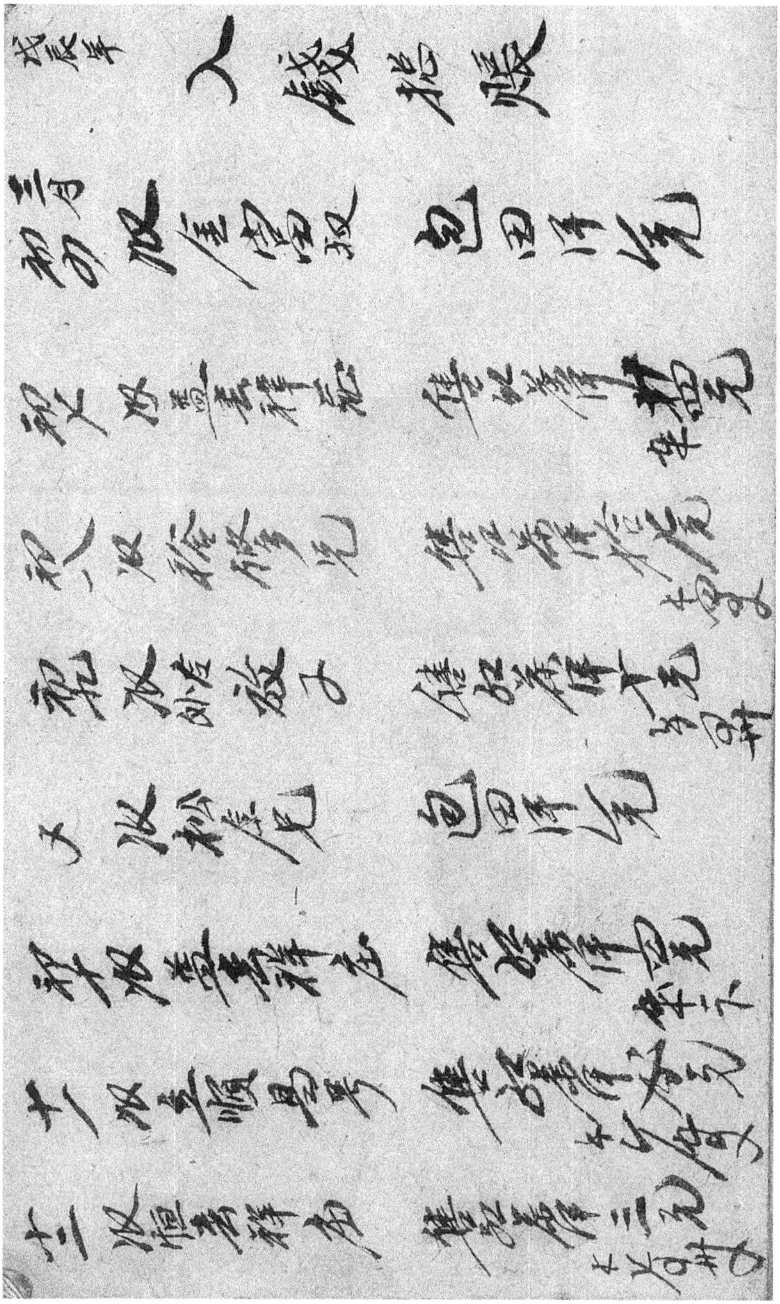

戊辰年

入錢總賬

三月初四收金富叔　包田洋元

初七收益壽祥莊　售紅茶洋廿三元　卒

初八收裕修兄　售紅茶洋拾元　七四八文

初九收外店敍子　售紅茶洋十元　平四卅

又收松泉兄　包田洋元

初十收益壽祥莊　售紅茶洋四元　卒十六

十一收立順昌號　售紅茶洋拾元　七六八文

十二收恒壽祥店　售紅茶洋三元　七六四卅文

十三收振记拉 佳记二件三元卅七文

十五收来胜记 佳记三件五元

十五收三益和号三只 佳记三件四元

十八收生益和号三只 佳记三件元

十一收来结伯 佳记三件四元

十九收三益和号三只 佳记三件八元

廿二收三益和号三只 佳记三件八元

廿四收方圣易裕 包四件七元

廿六收协和号 包四件七元

初二收日耕记 包四件五元

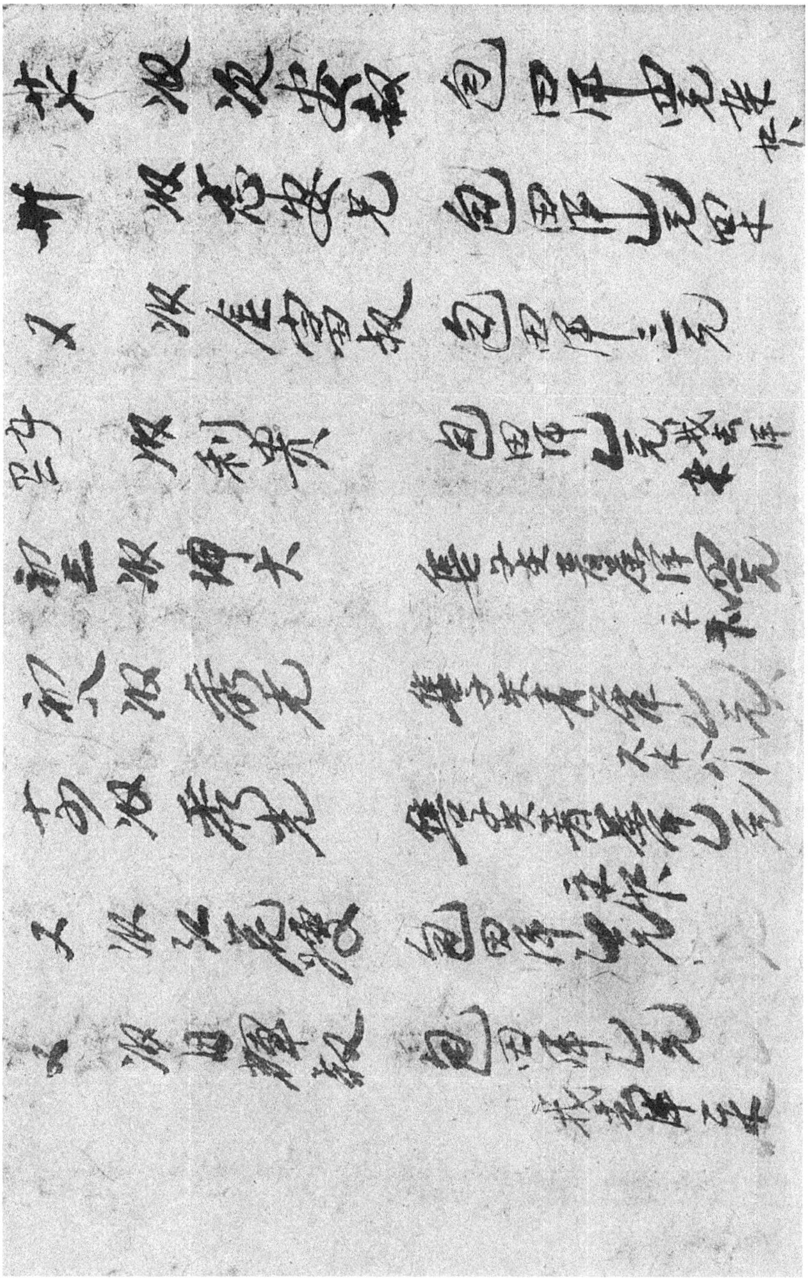

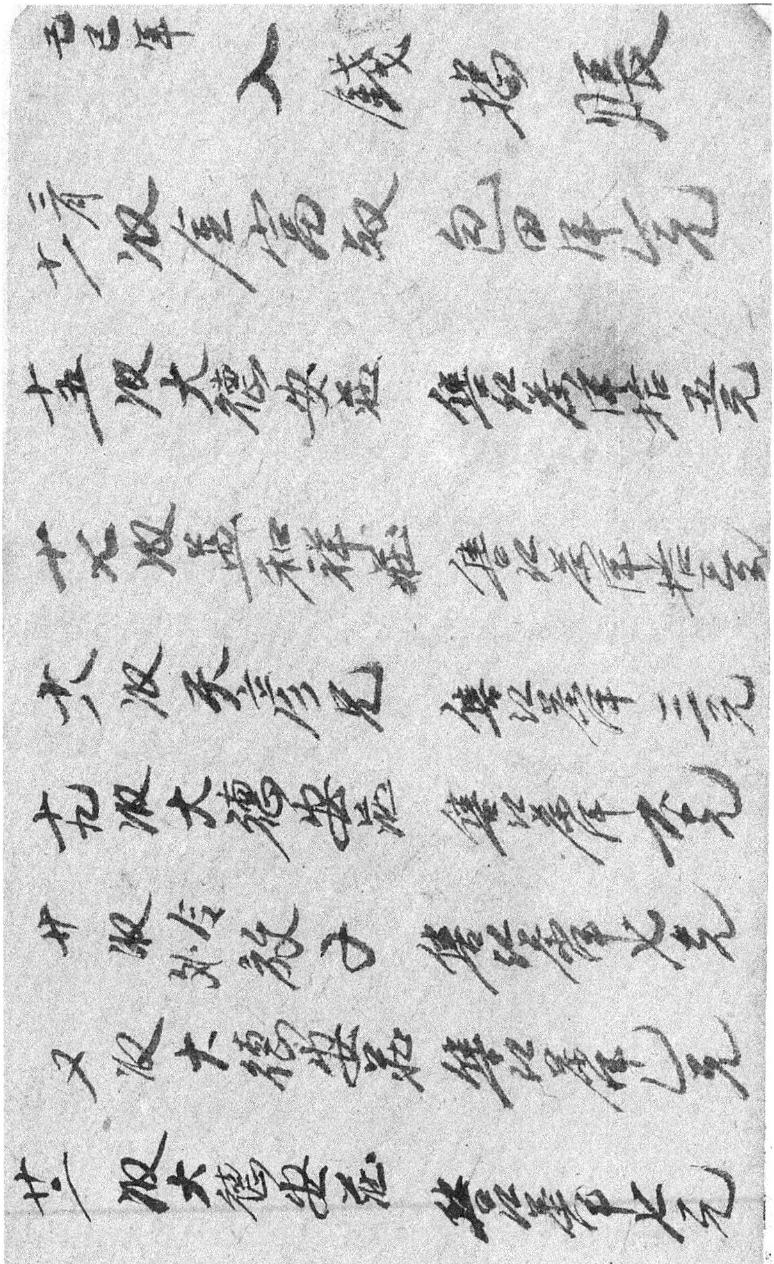

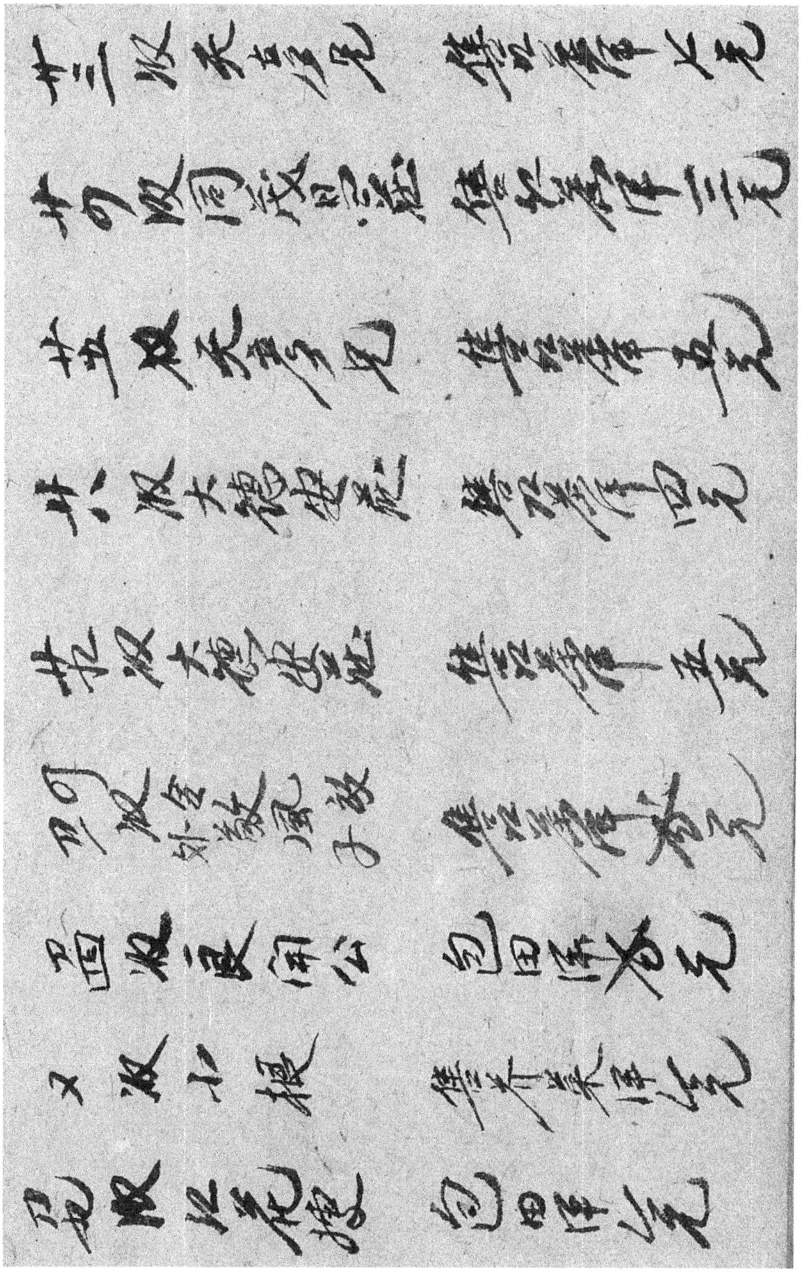

十二收金富叔　包四件三元

十三收胡林元　包四件七元

又收同协叔　包四件[illegible]

十六收日胜叔　包四件七元

廿四收胡协叔　包四件五元

廿四收朱胜元　包四件七元

十三收吉德叔[illegible]　包四件八元

又收金富叔　包四件六元

十六收秀春[illegible]　[illegible]三元

十八收仁坤叔　包四件八元

又收[illegible]　包四件七元

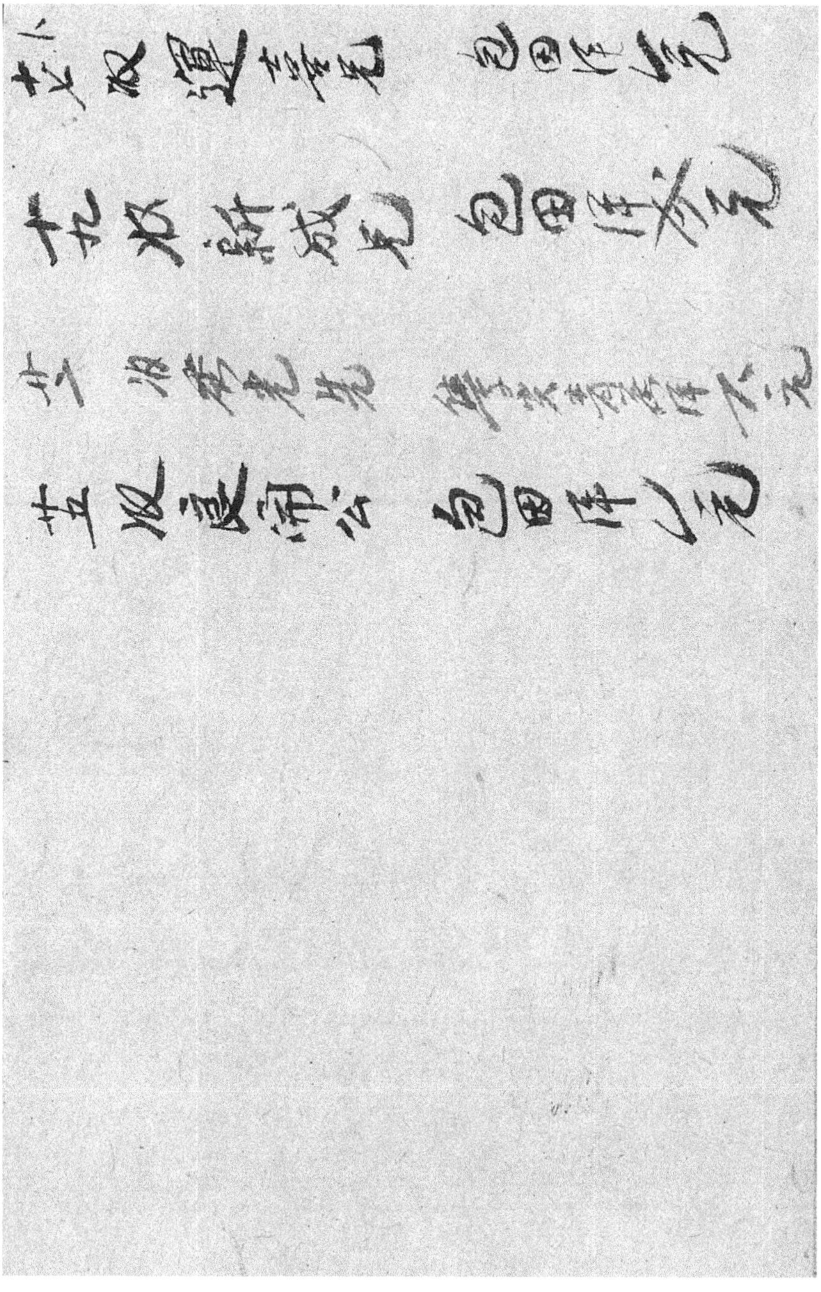

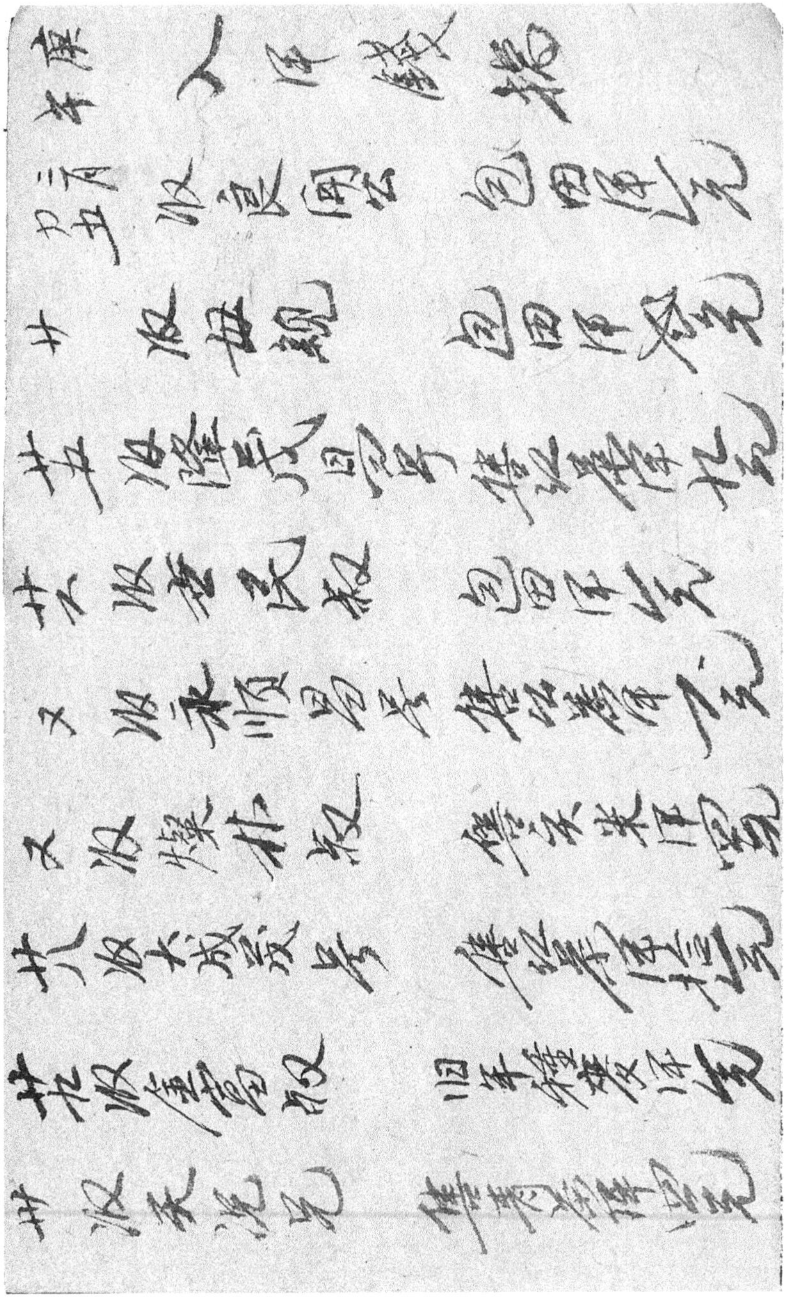

初十 收济馀号 售红茶洋[illegible]元

又 收弘裕公司 售青茶洋[illegible]元

十三 收济馀号 售红茶洋[illegible]元

十四 收中秋叔 售红茶洋五元

又 收世民叔 包田洋[illegible]元

十七 收元[illegible]兄 售红茶洋五元

十九 收振江叔 售红茶洋四元

廿 收金富叔 包田洋[illegible]元

又 收上林 摘茶草洋[illegible]元

廿三 收隆茂田界 售红茶洋[illegible]元

十三收五□元　包四斤□元

十六收□□元　共□包四斤三元

过□收□□元　包四斤□元
（旁注：廿文收中□□□）

廿二收□□元　包四斤□元

又收□□□　包四斤□元

四月收□□元　包四斤□元

四三收□□□　包四□斤□元

收□□元　包四斤□元

□收□□□　包四斤□元

收□□元　包四斤□元

□收□□元　包四斤□元

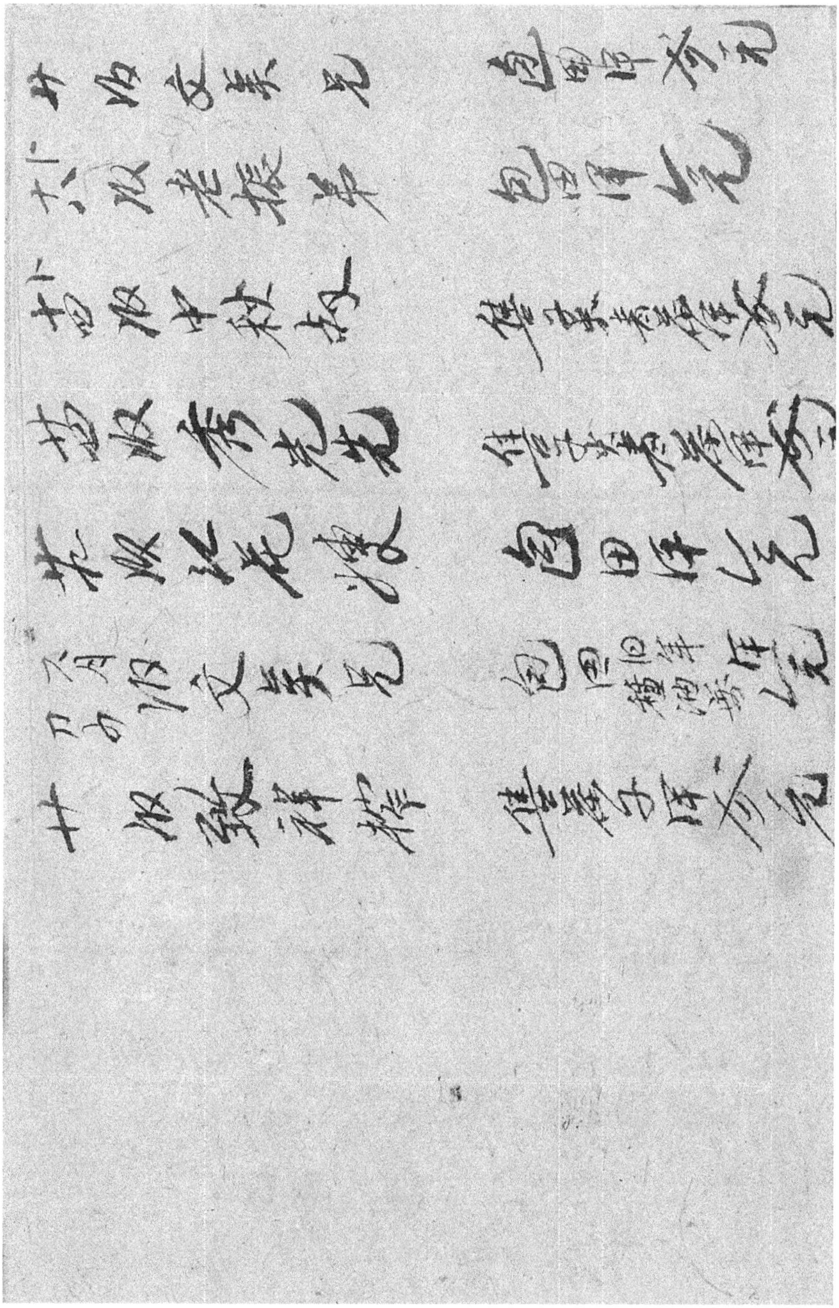

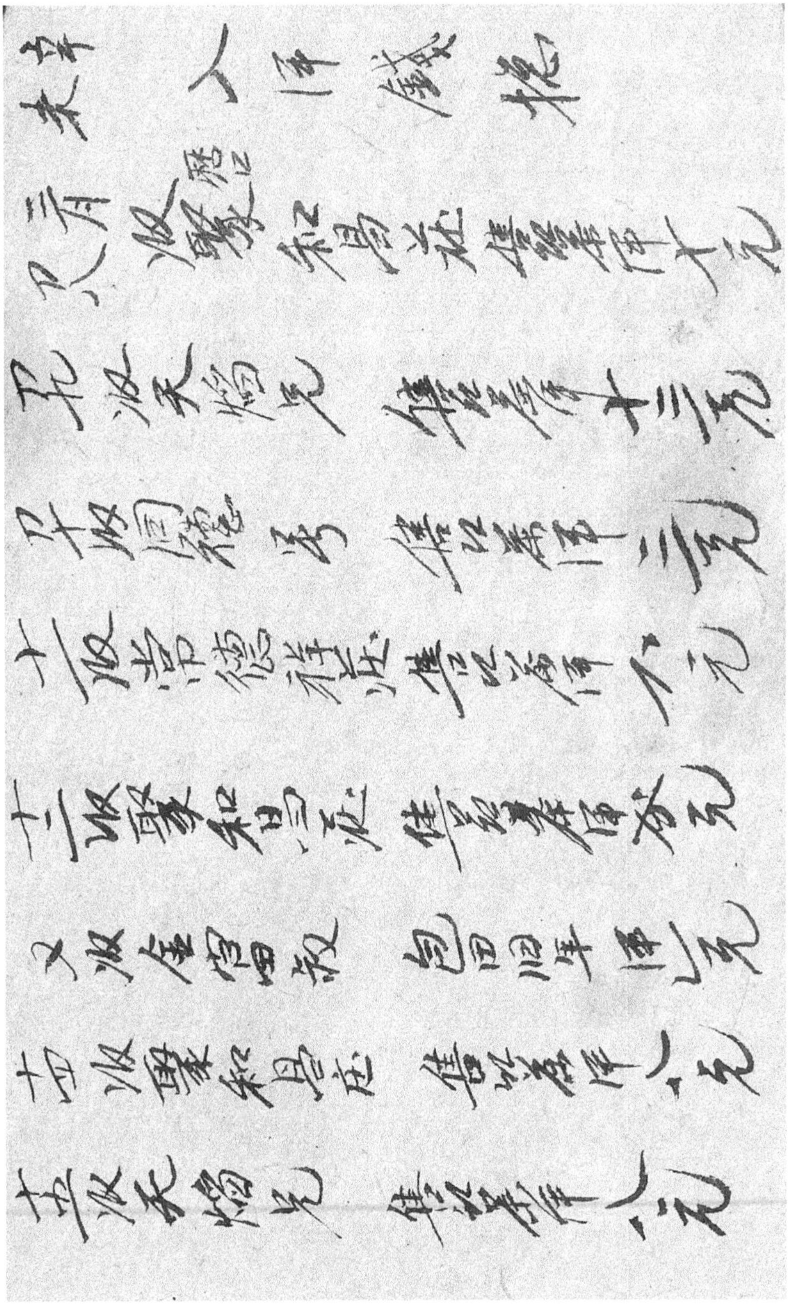

十六收天照弟 售红茶洋四元
十七收良开公 包田洋叁元
廿收文美兄 包田洋三元
廿一收金富叔 包田洋七元
十八收浩清 售红茶洋七元
廿二收永顺号 售红茶洋三元
又收火烘林兄 内年上下至田洋三元
又收金富叔 包田洋本
十九收泡安叔 包田洋五元
廿四收新成兄 包田洋叁元
又收日辉叔 包田洋七元

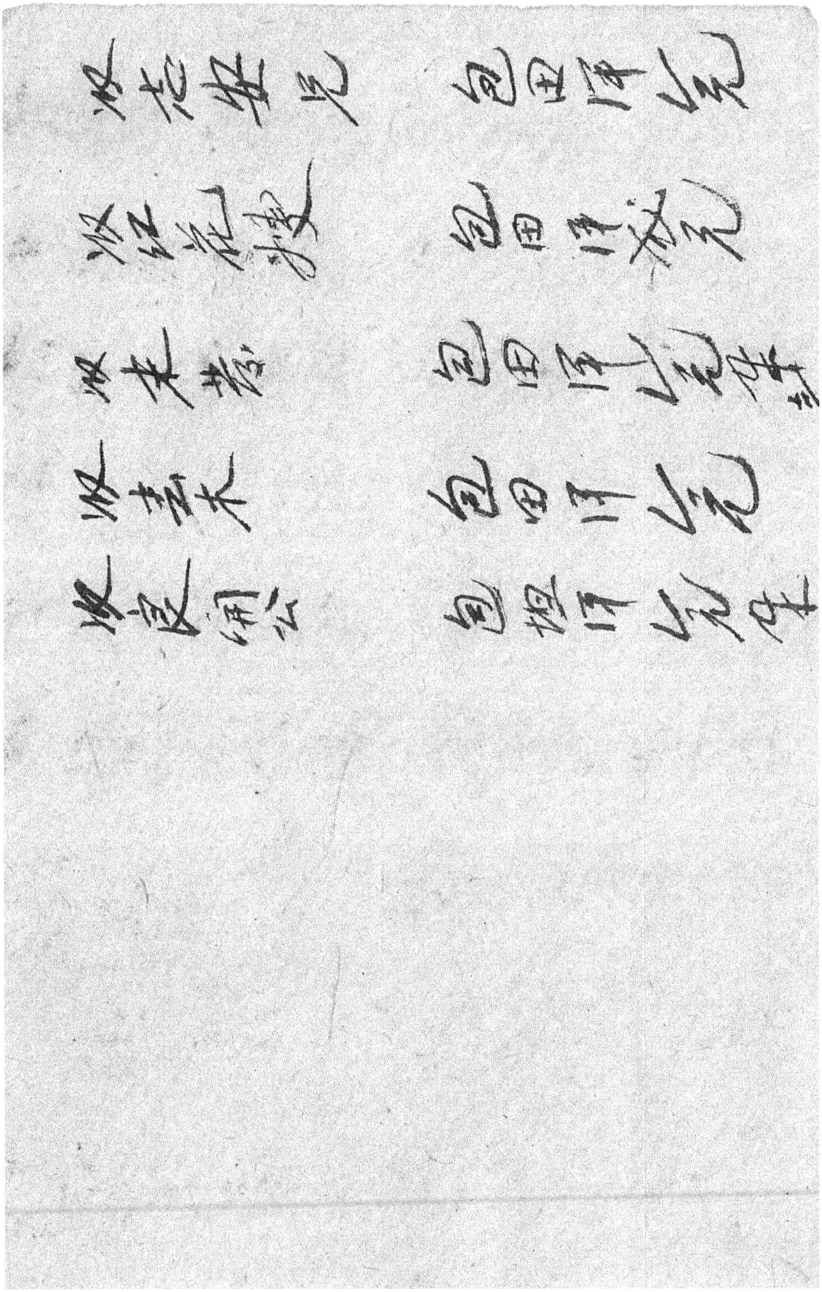
收老桂 元　包田仟七元
收红花样　包田仟拾元
收来芬　包田仟七元 文支
收吉木　包田仟七元
收吉闲松　包拾仟七元 文支

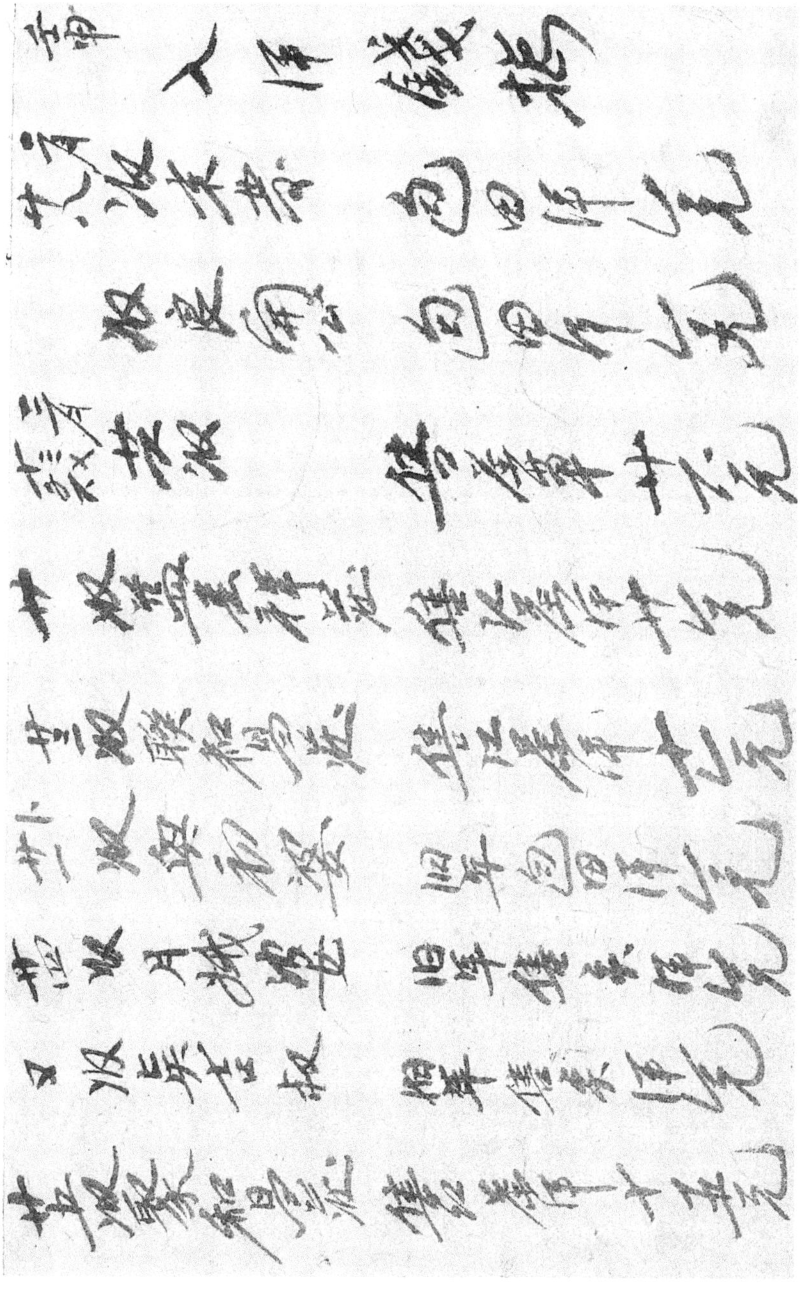

共收成昌　包田洋六元

又收聚和智庭　售红洋九元

花收贵林兄　售红洋十二元

又收寄安兄　仰祀敬昨息洋六元

又收腾菊德　换钞洋一毫

花收令外孙子　售红洋三元

又收成昌　包田洋六元

又收燦林叔　旧年售突大米洋五元

刀/同收盖喜祥庭　售红洋二元

又收新運　旧年捶麦洋叁元

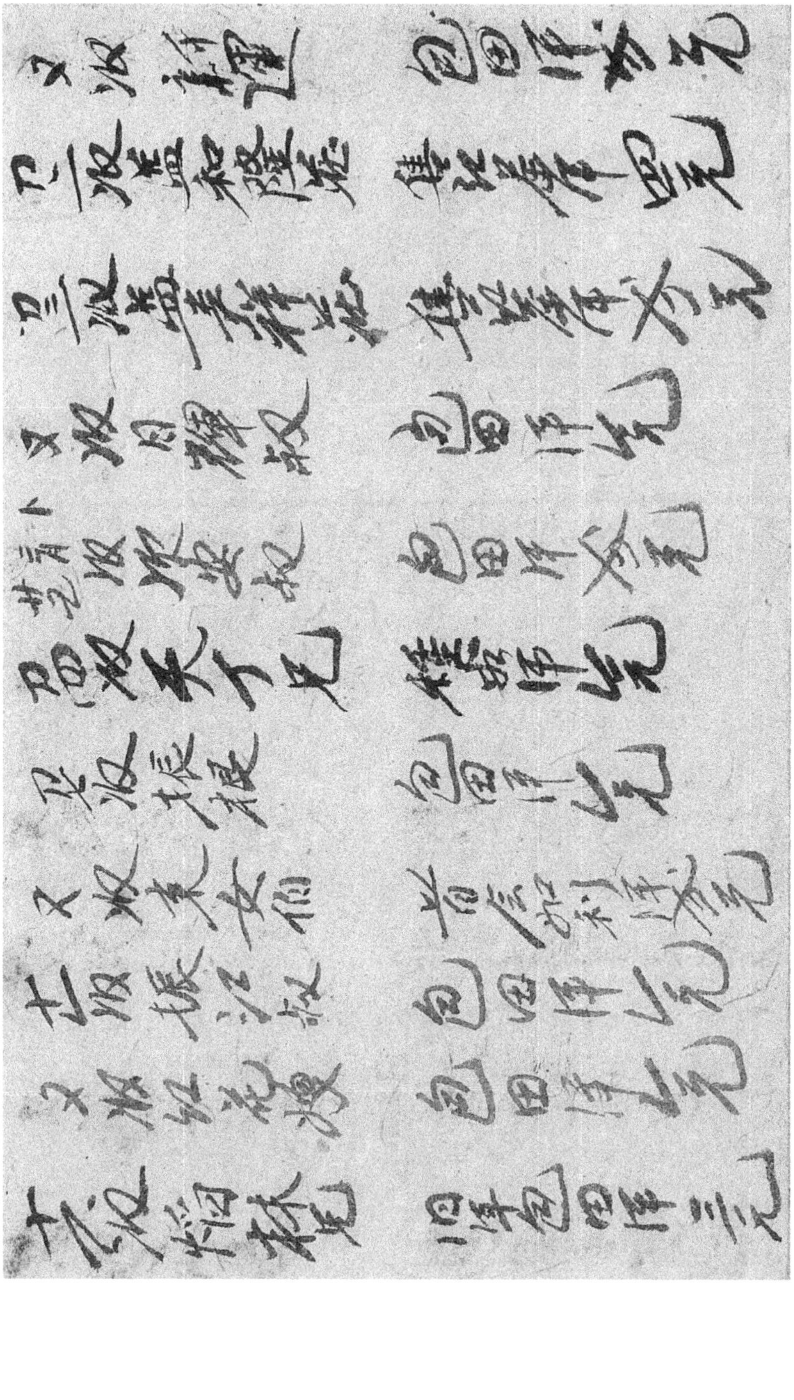

又收良開公 包田作拾元
又收新成兄 包田作拾元
十七收岩嶔兄 包田作四元
又收文吳兄 包田作三元
廿一收利貴兄 包田作七元
又收滚安叔 包田作五元
廿二收文吳兄 包田作二元
收志亨會 樓三倉作卅九元
自出收本卅九元

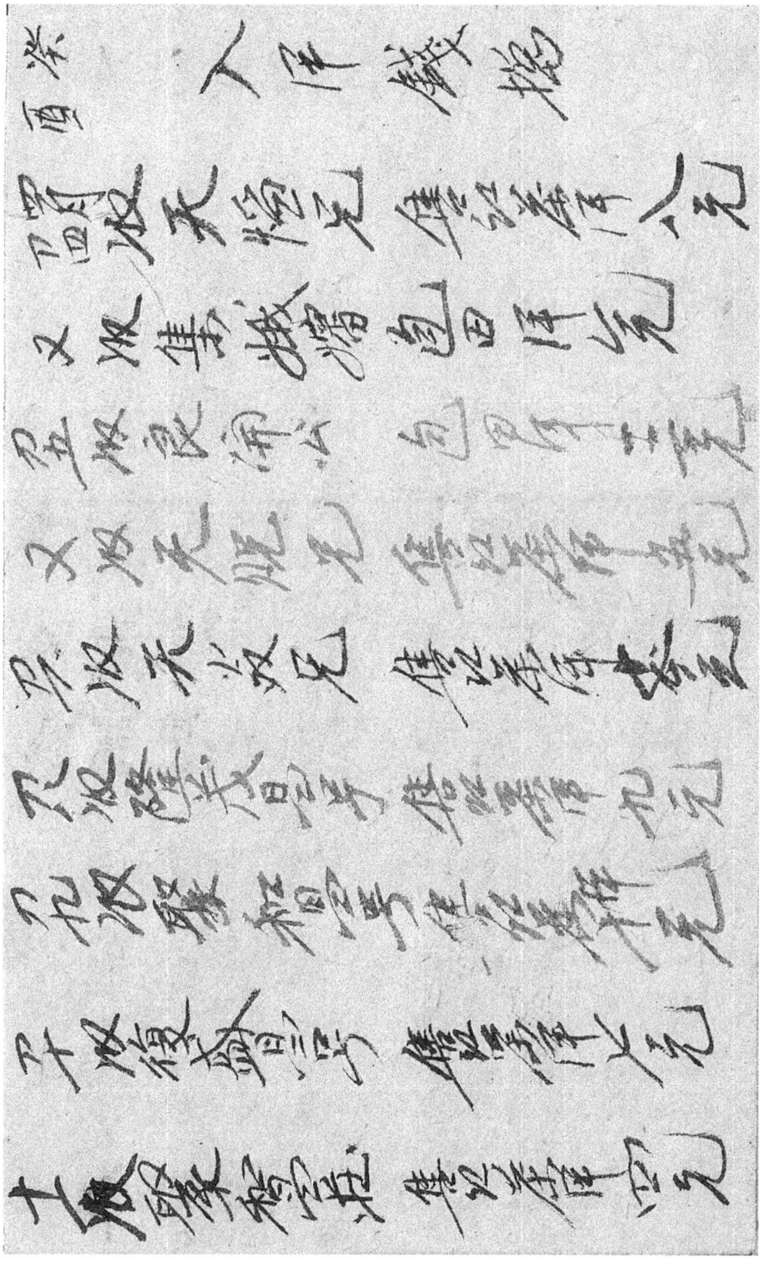

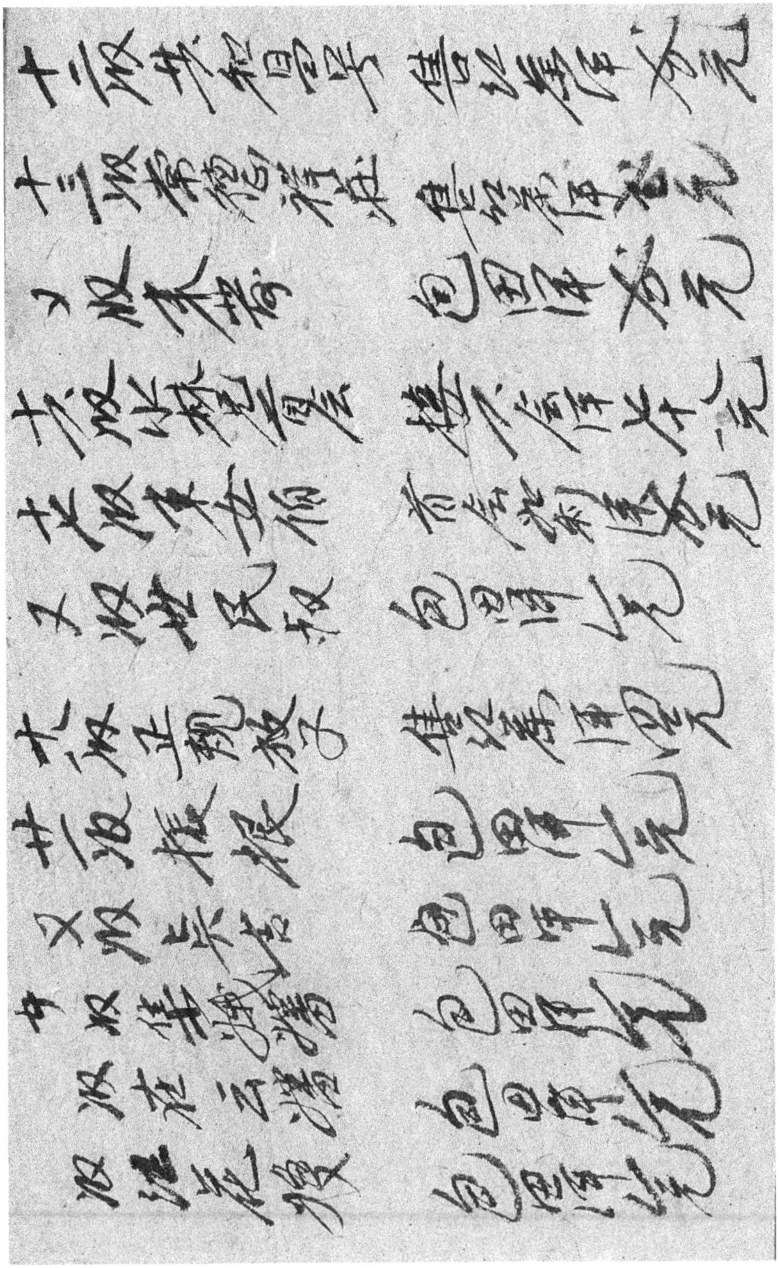

收志安兄
收炮安叔
收文求兄
收丙支兄
收红花嫂
收交長兄

包回坪山兄
包回坪发兄
又收糠乙担計洋壹元
種子坪兄
種子坪兄
包回晨兄
包回晨森兄

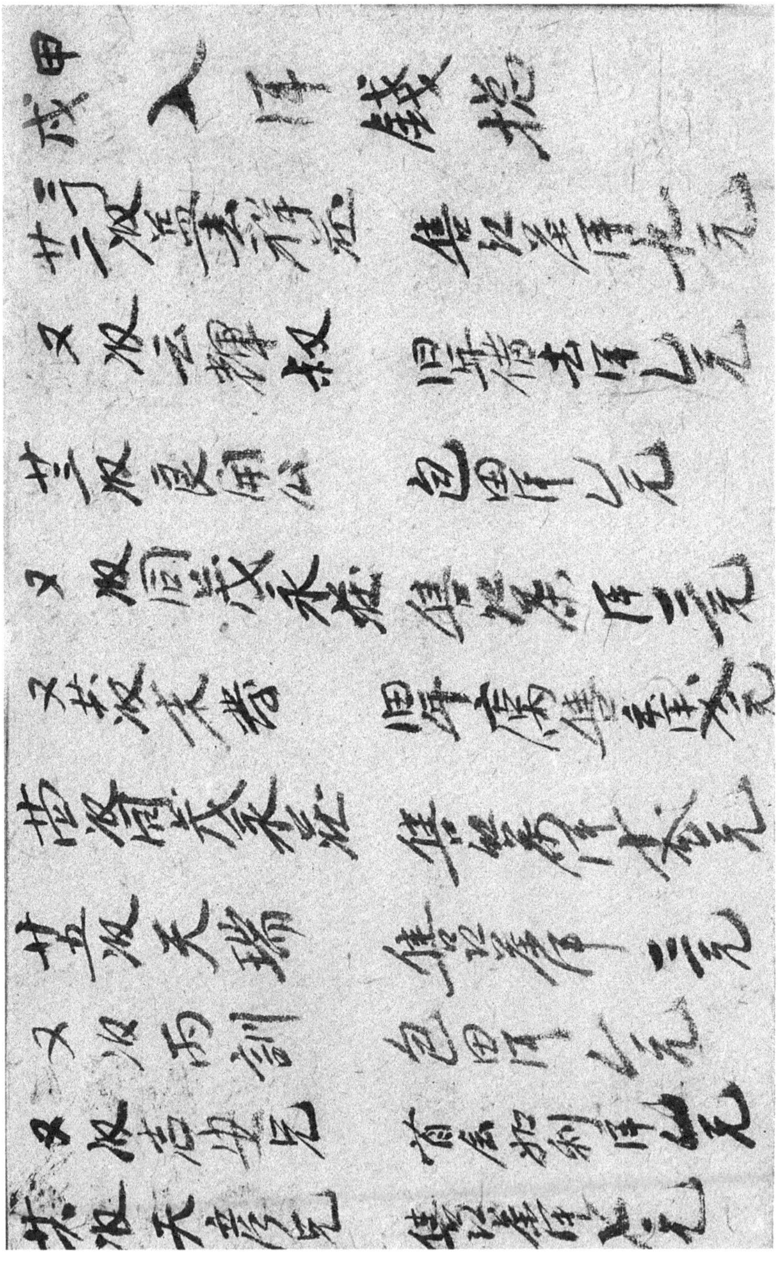

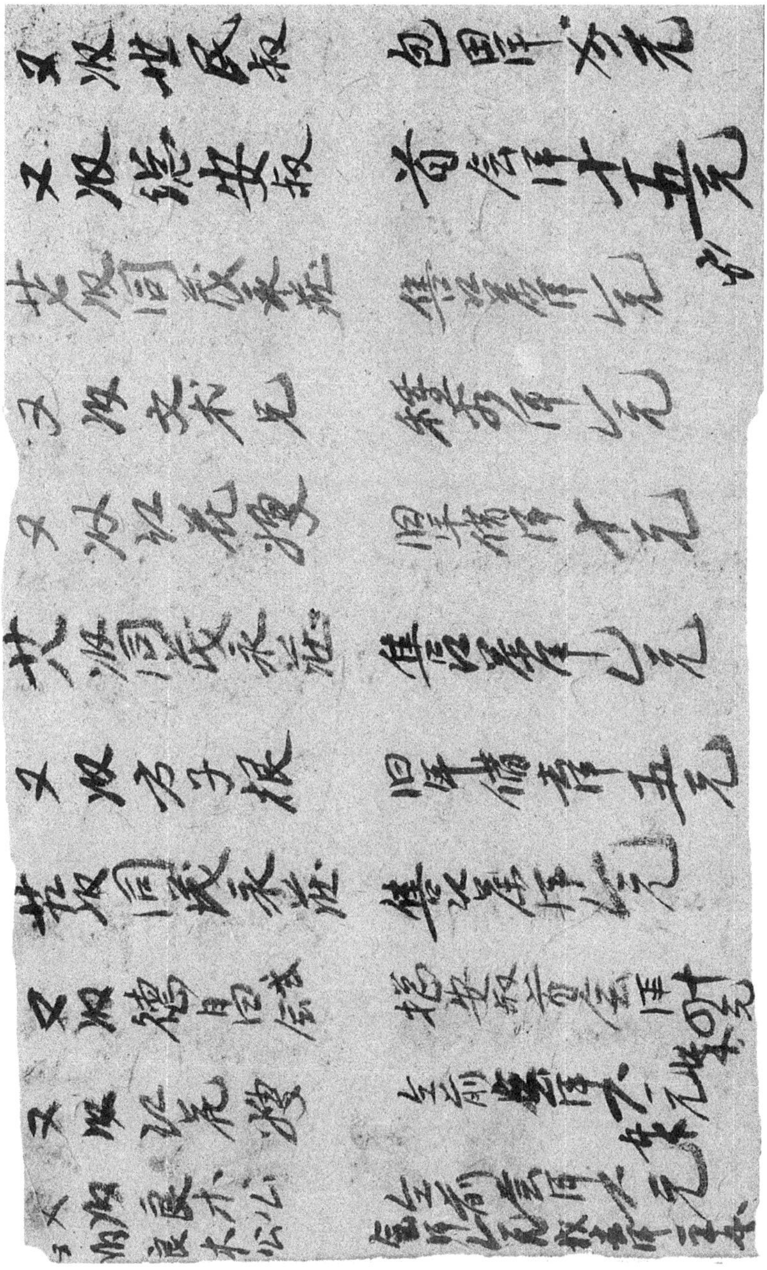

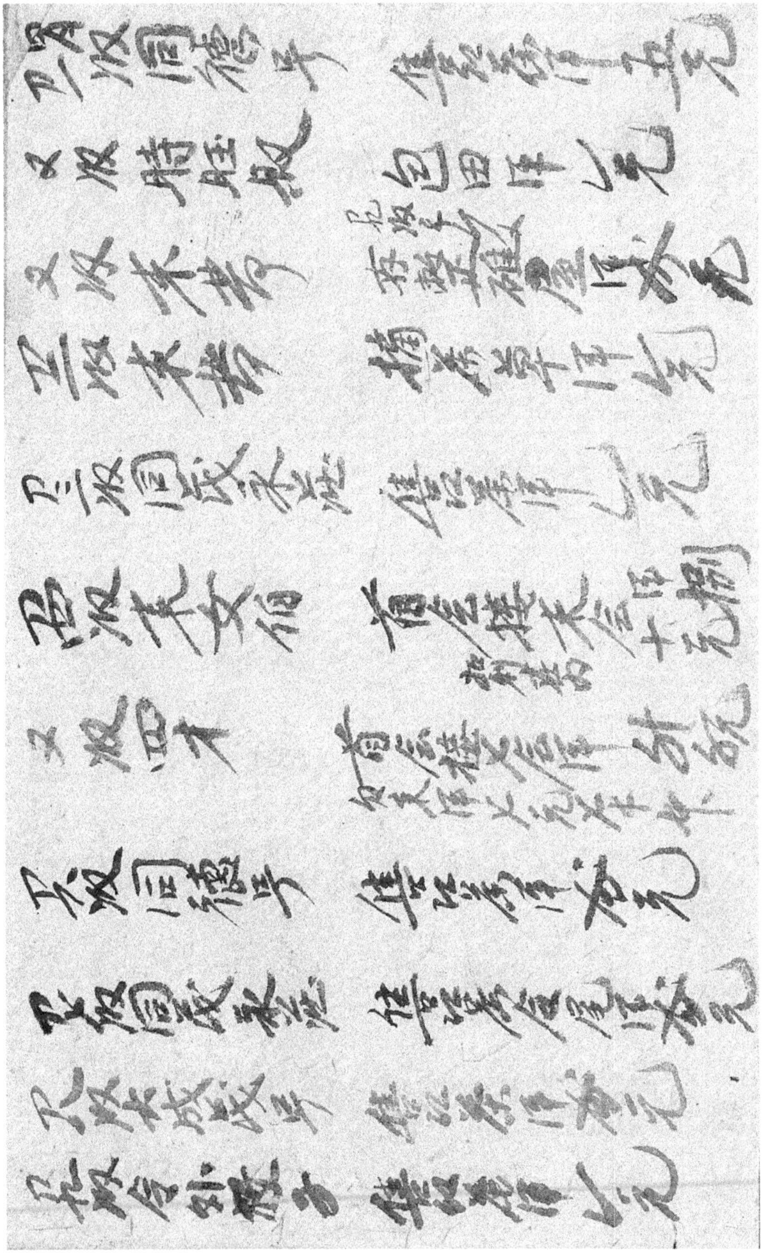

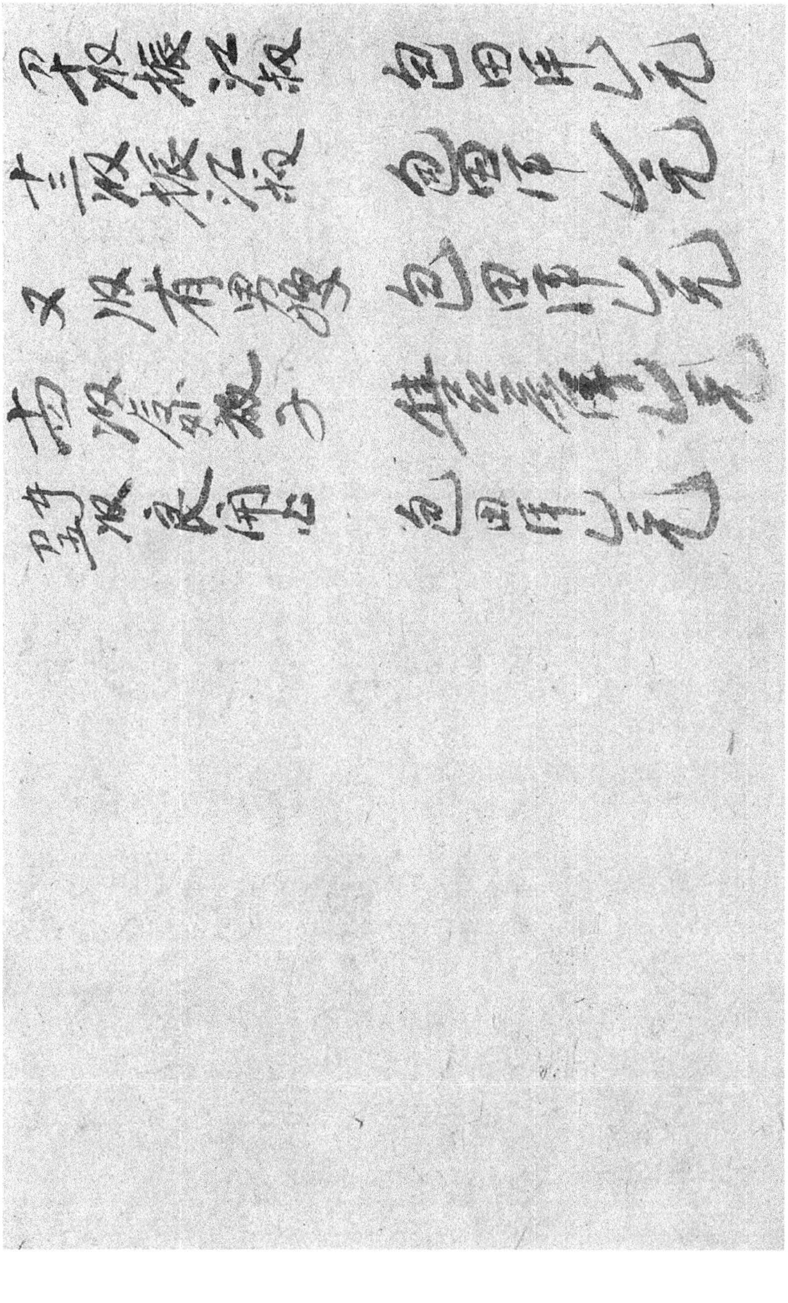
初十收振江叔　包田吊乚元
十三收振江叔　包𤰞吊乚元
又收有男嫂　包田吊乚元
十四收家秀嫂子　包[illegible]吊乚元
廿五收良甫　包田吊乚元

收入洋钱揭

廿三收隆茂昌庄　售茶洋四元

又收常信祥庄　售茶洋四元

又收有男嫂　借洋驩李息四厘洋六元

廿三收自安叔　息洋叁元

又收大成茂号　售茶洋十八元

廿四收常信祥庄　售茶洋五元

又收成顺叔　息洋六元

廿五收天煬兄　售茶洋四元

又收爍林叔　正月借去　付排年会洋叁元

廿七收常信祥庄　售茶洋十元

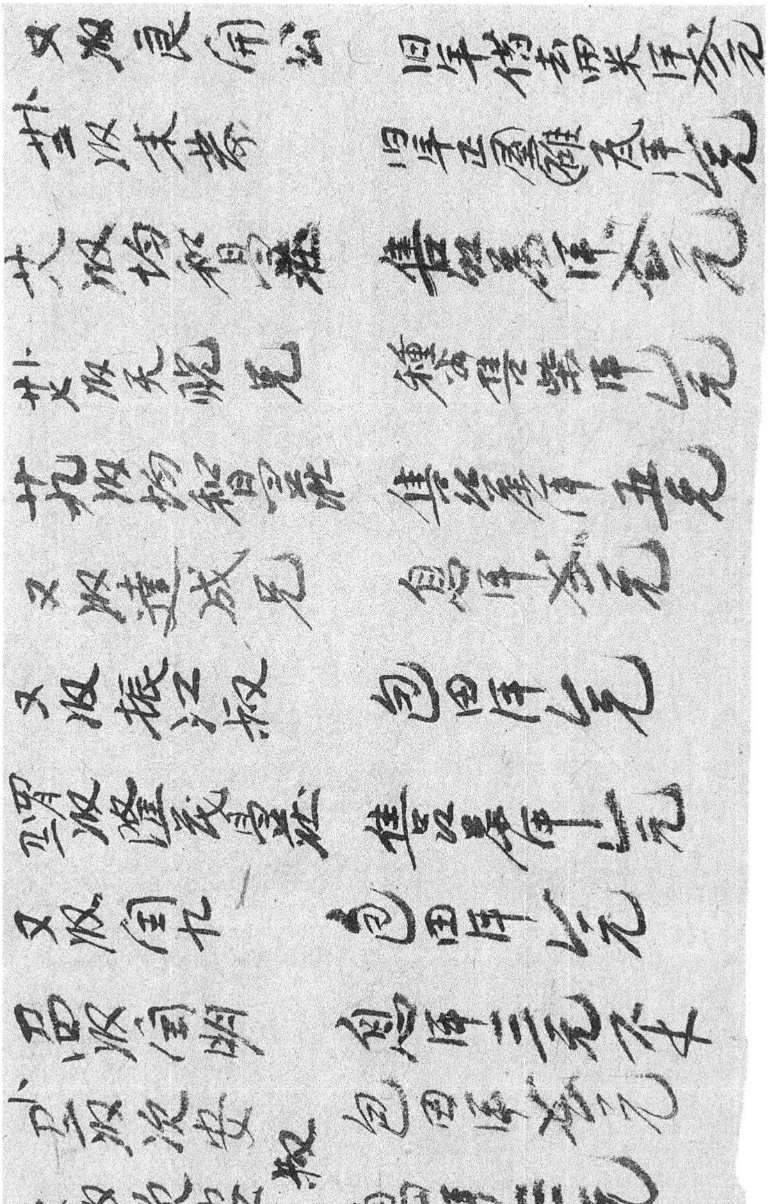

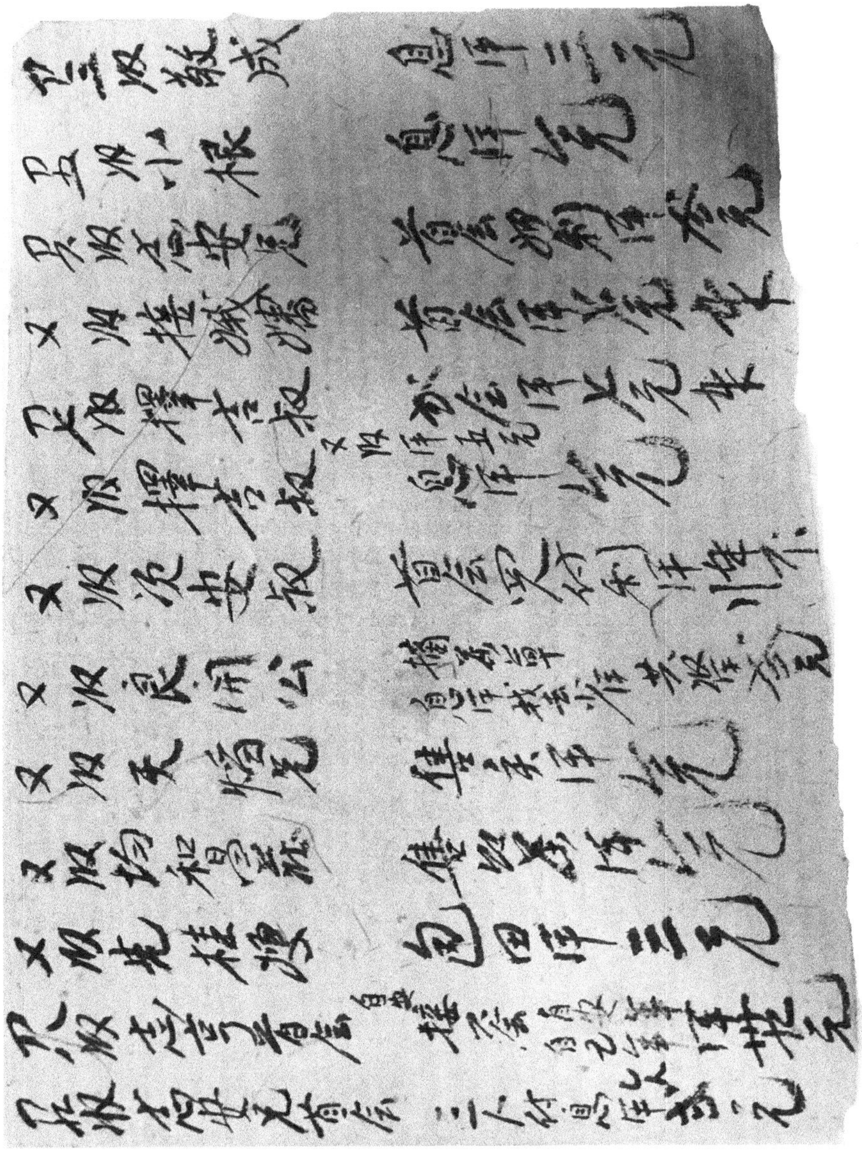

十八收云轉钱

又收朱家松兄 李成兄

廿二收汪坤松

四百二十六元八

三百四十三元零

八千六元

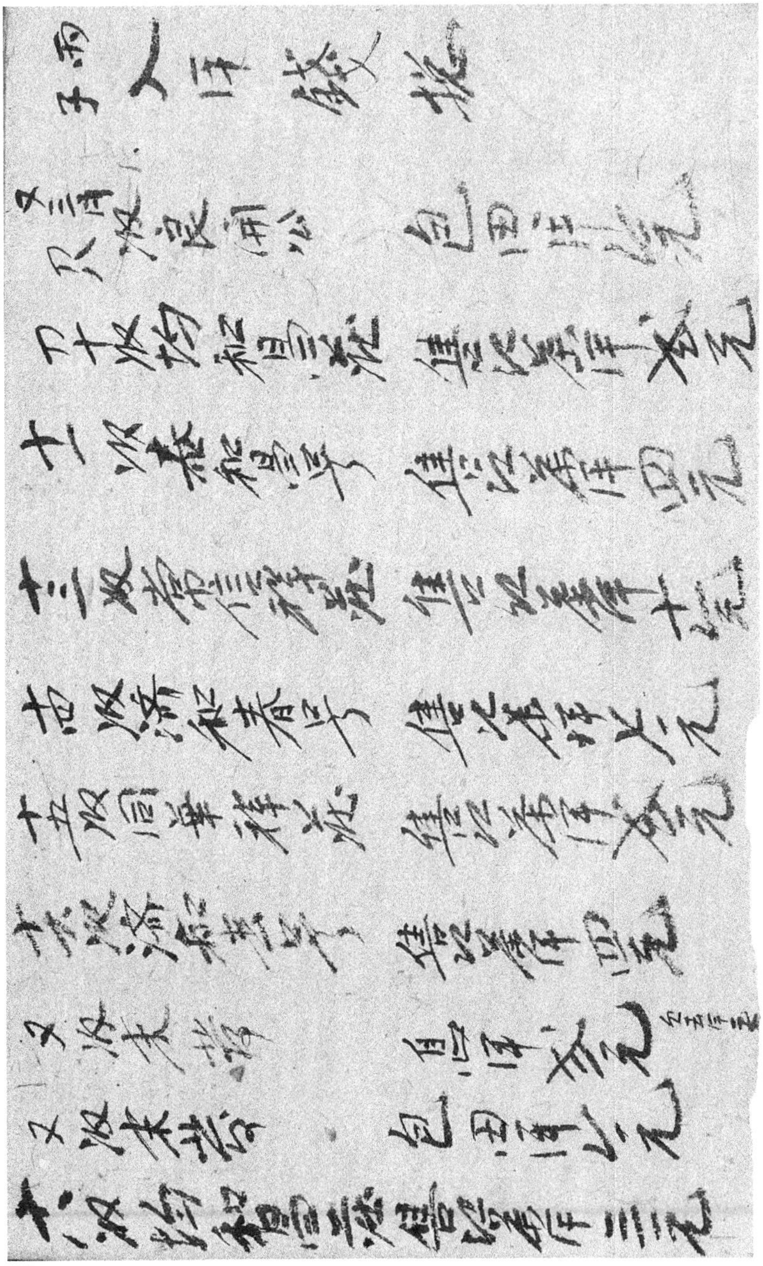

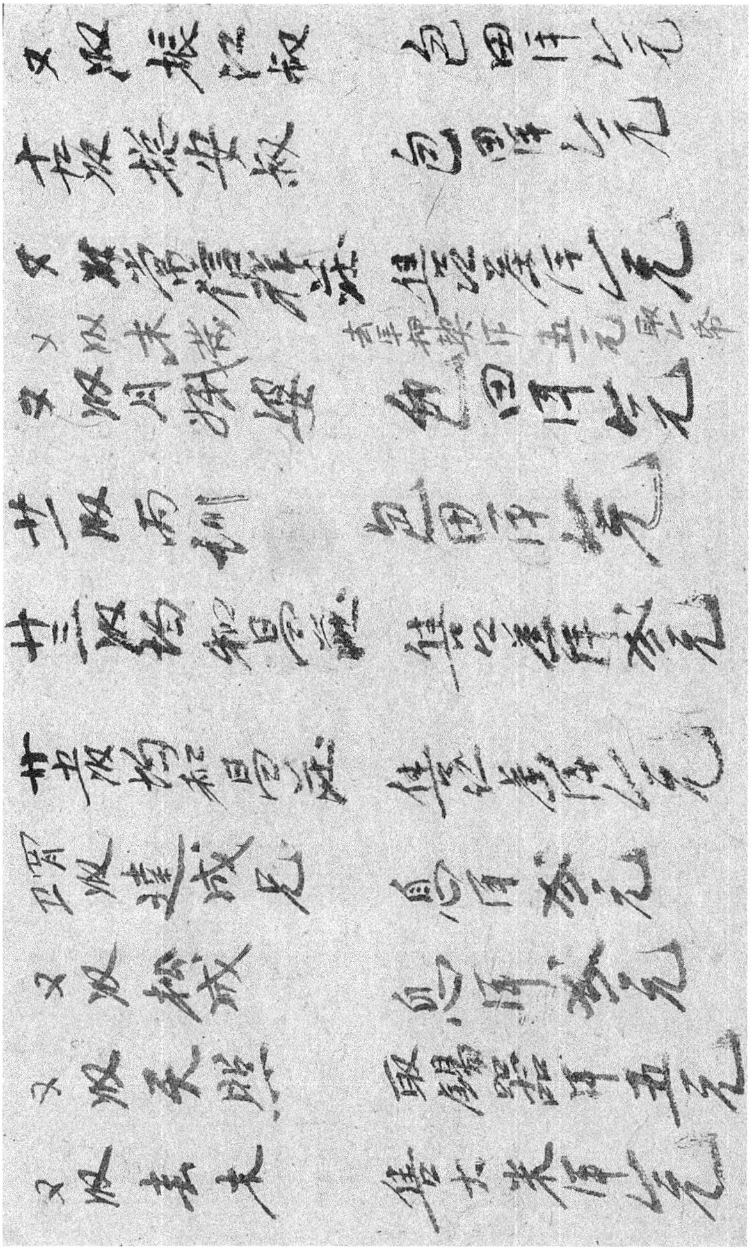

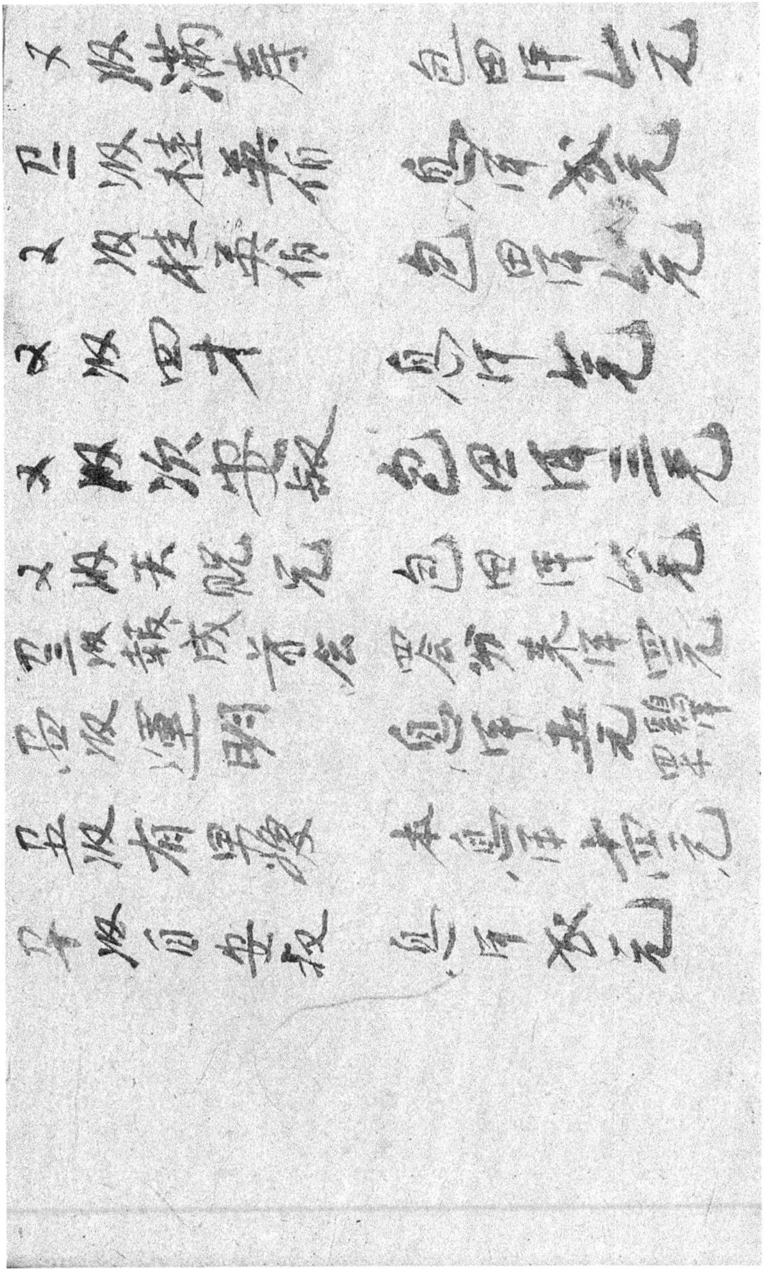

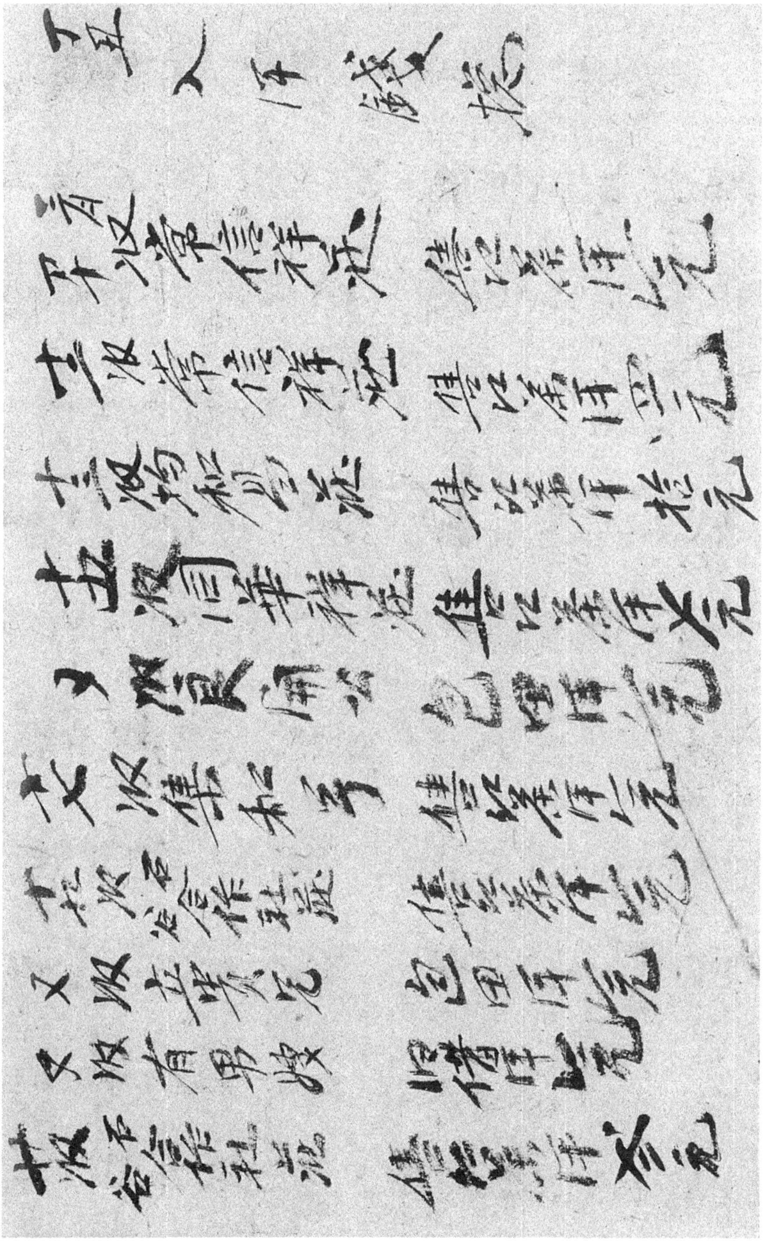

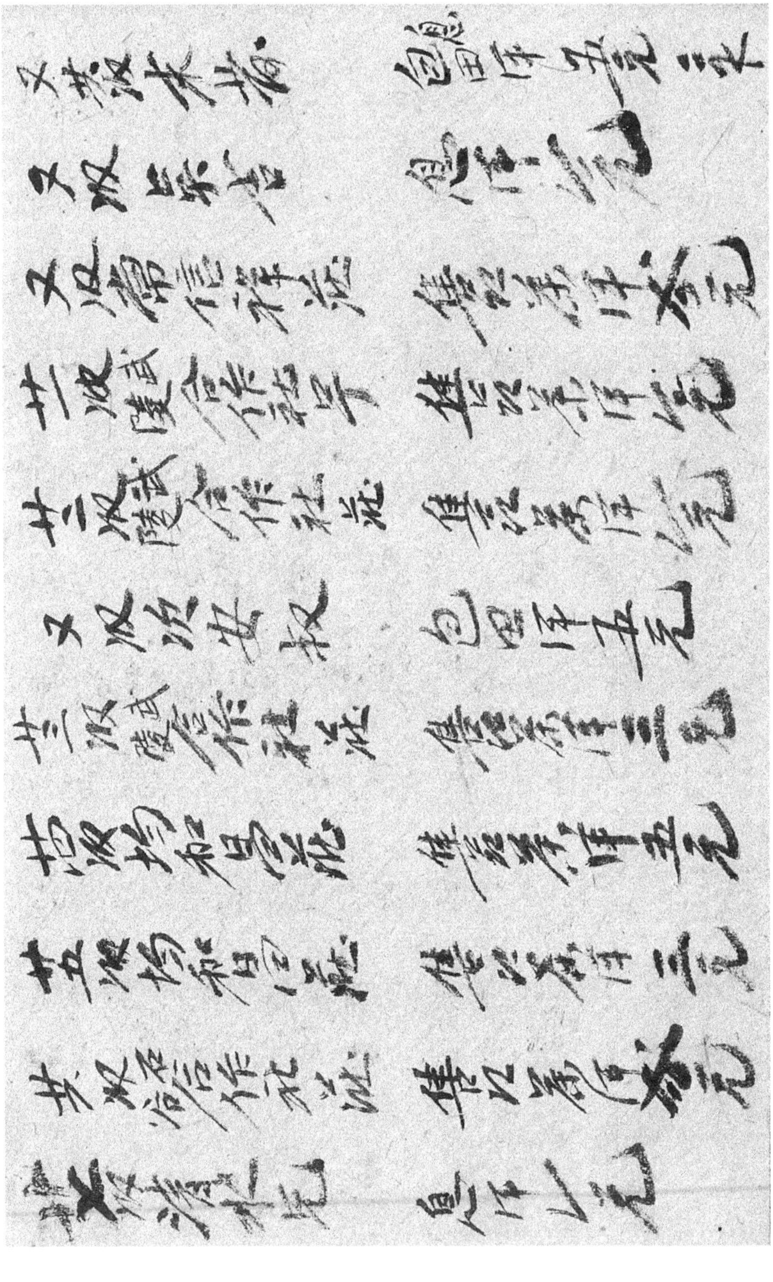

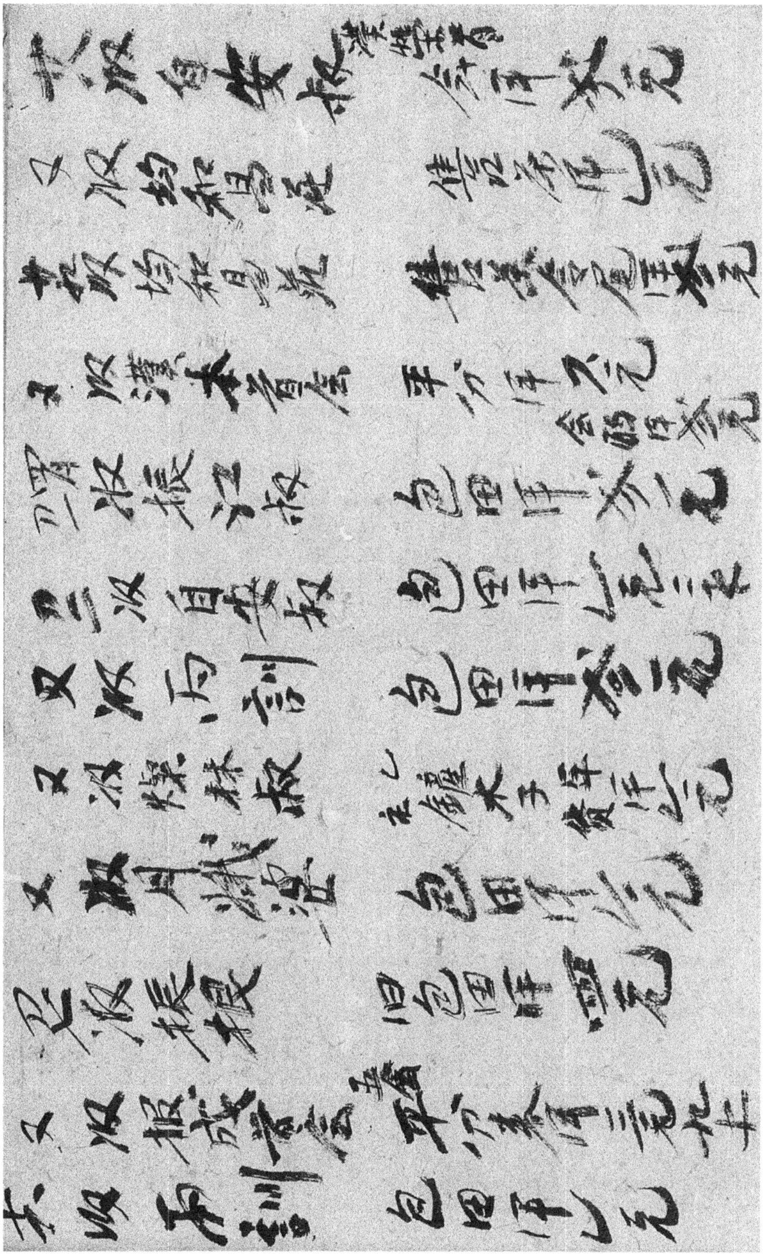

又收文术兄　包田洋乚元
又收满寿　包田洋乚元
又收成恢叔　种出洋乚元
又收渭水　息洋乚元
廿收振根　包田洋五元
又收来喜兄　又四斗黄合斤乚元
廿八收振根　包田洋乚元

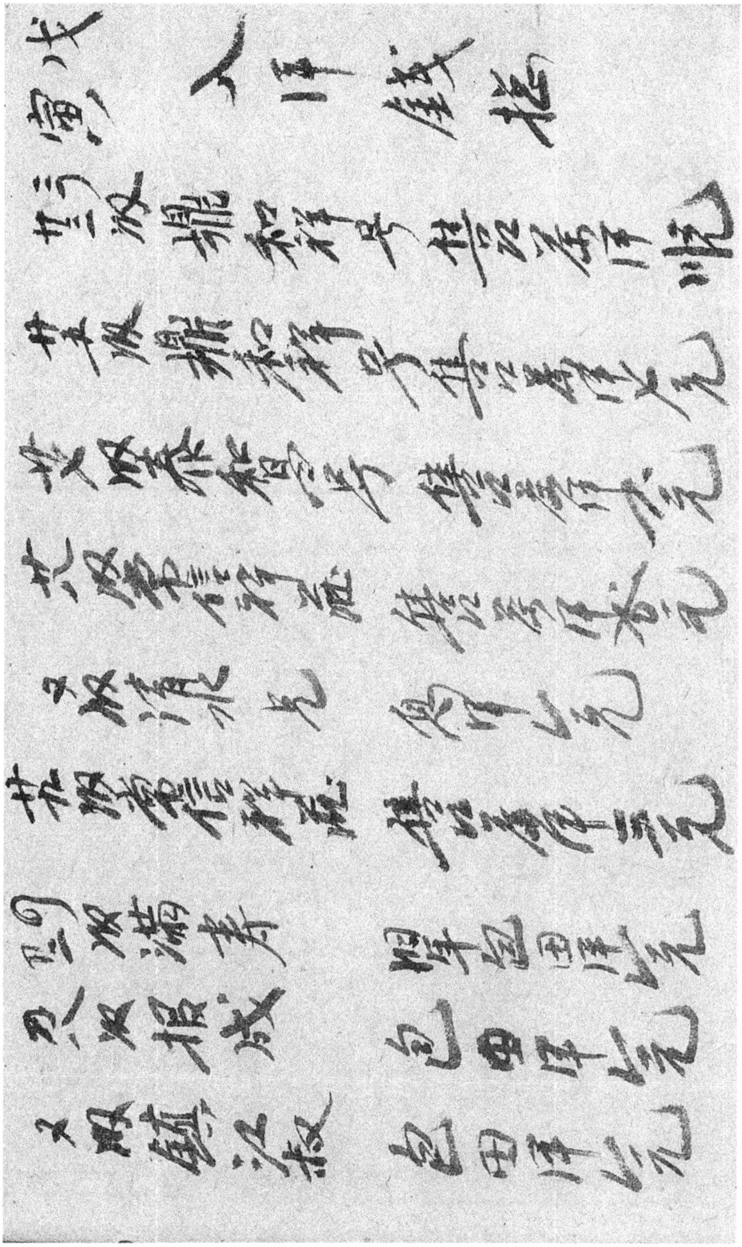

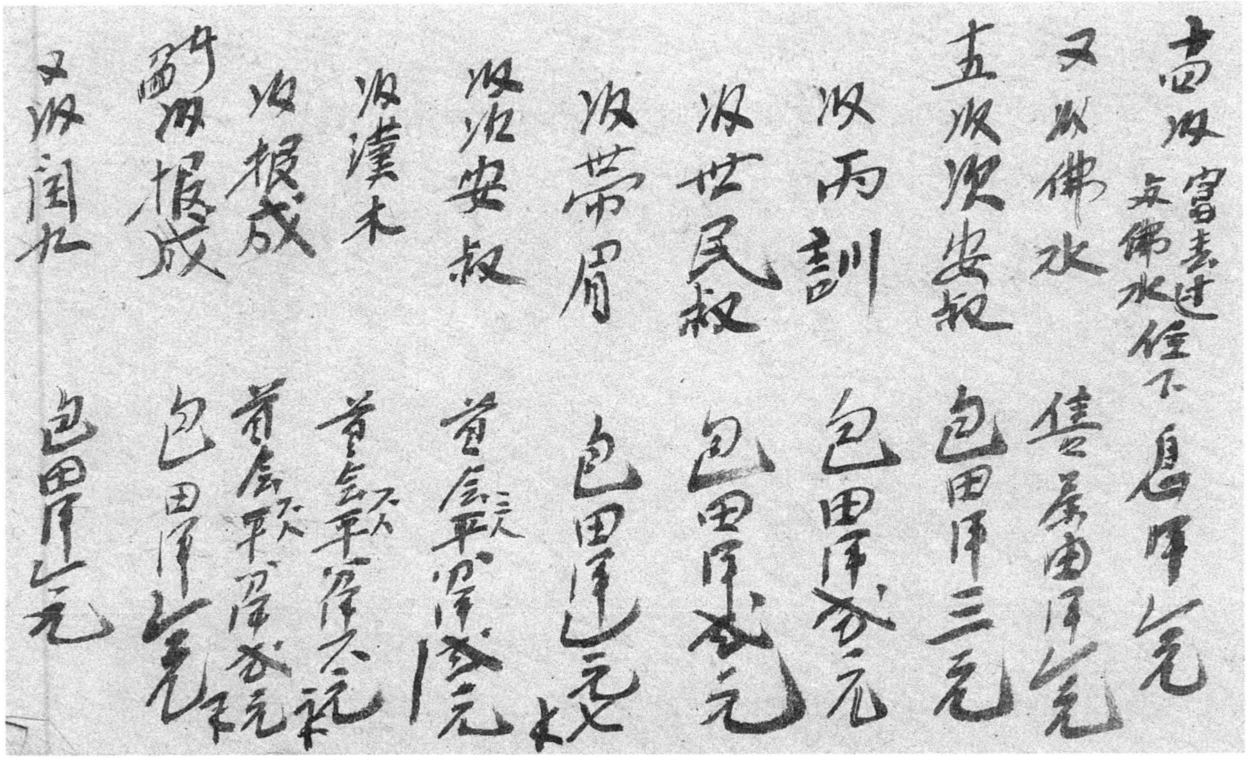
十四收富春过兵佛水侄下　息洋[illegible]元
又收佛水　佳英番洋[illegible]元
五收双安叔　包田洋三元
收丙训　包田洋[illegible]元
收世民叔　包田洋[illegible]元
收带眉　包田洋[illegible]元
收汝安叔　黄金平洋[illegible]元
收滨木　黄金平洋[illegible]元
收根成　黄金平洋[illegible]元
廿四收根成　包田洋[illegible]元
又收闰九　包田洋[illegible]元

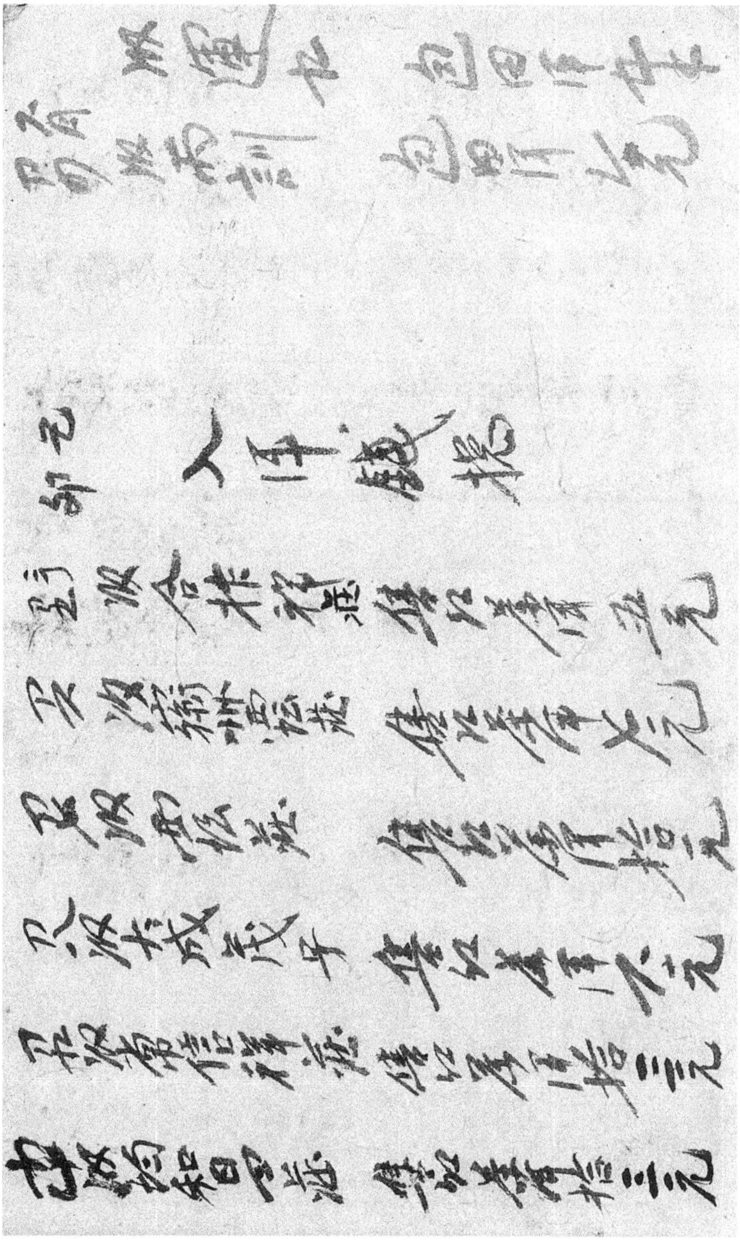

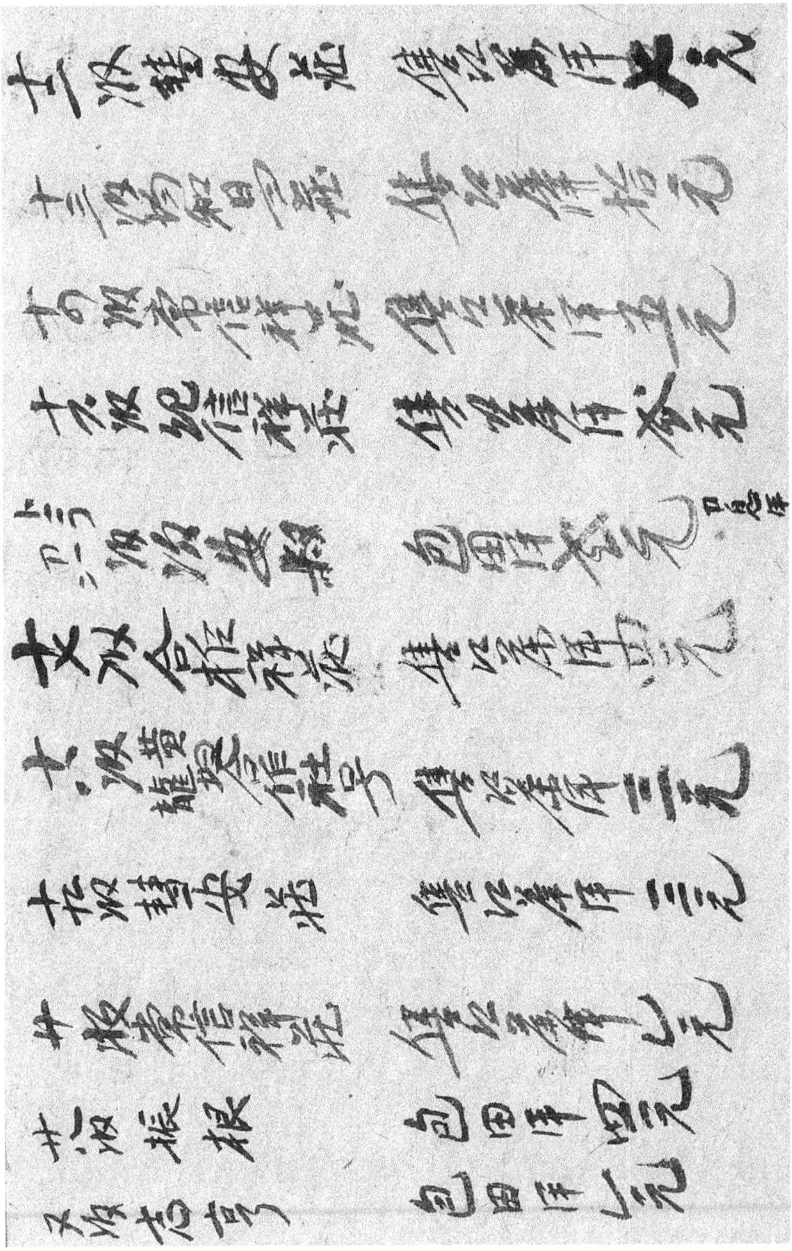

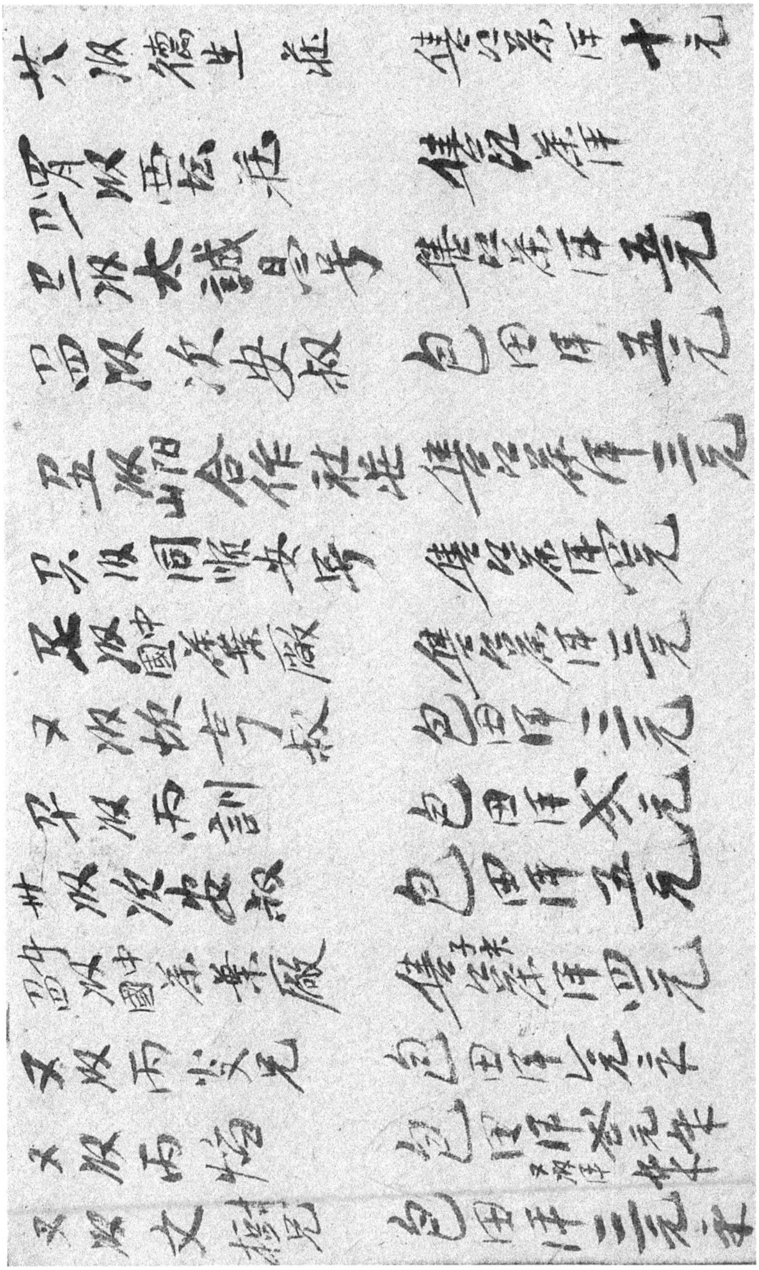

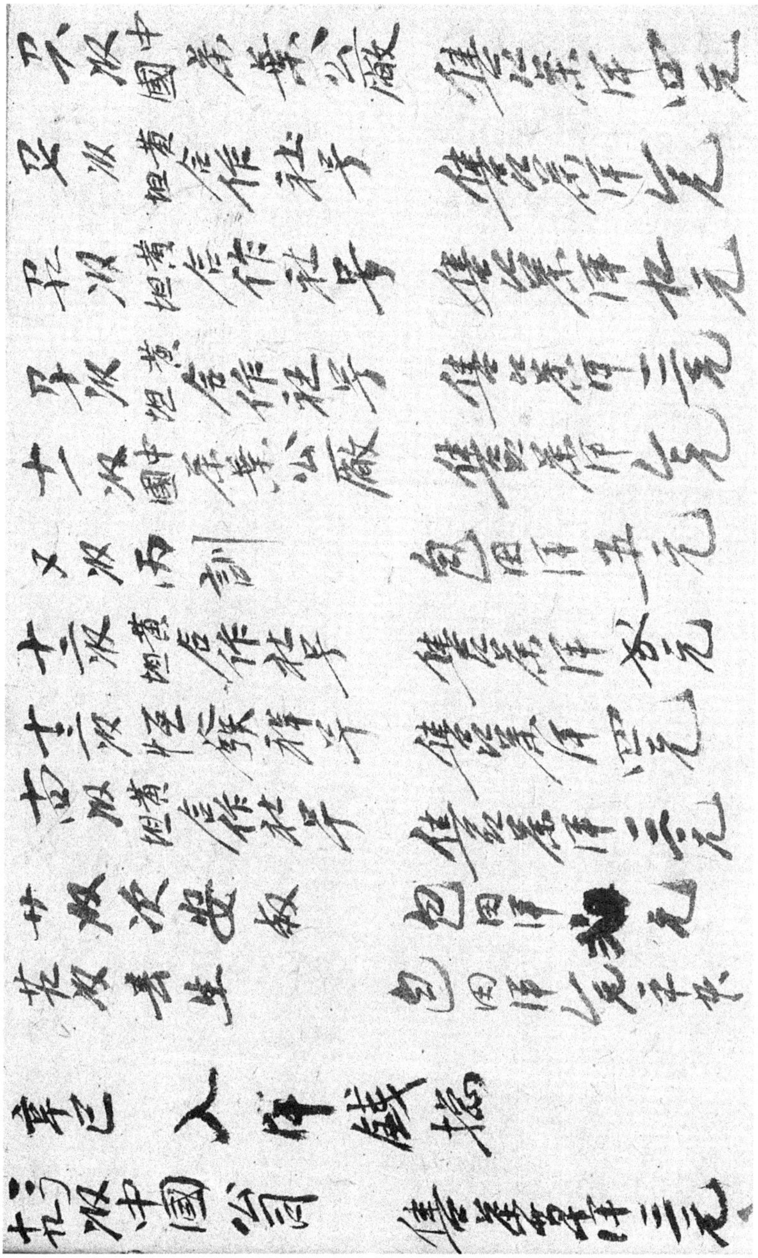

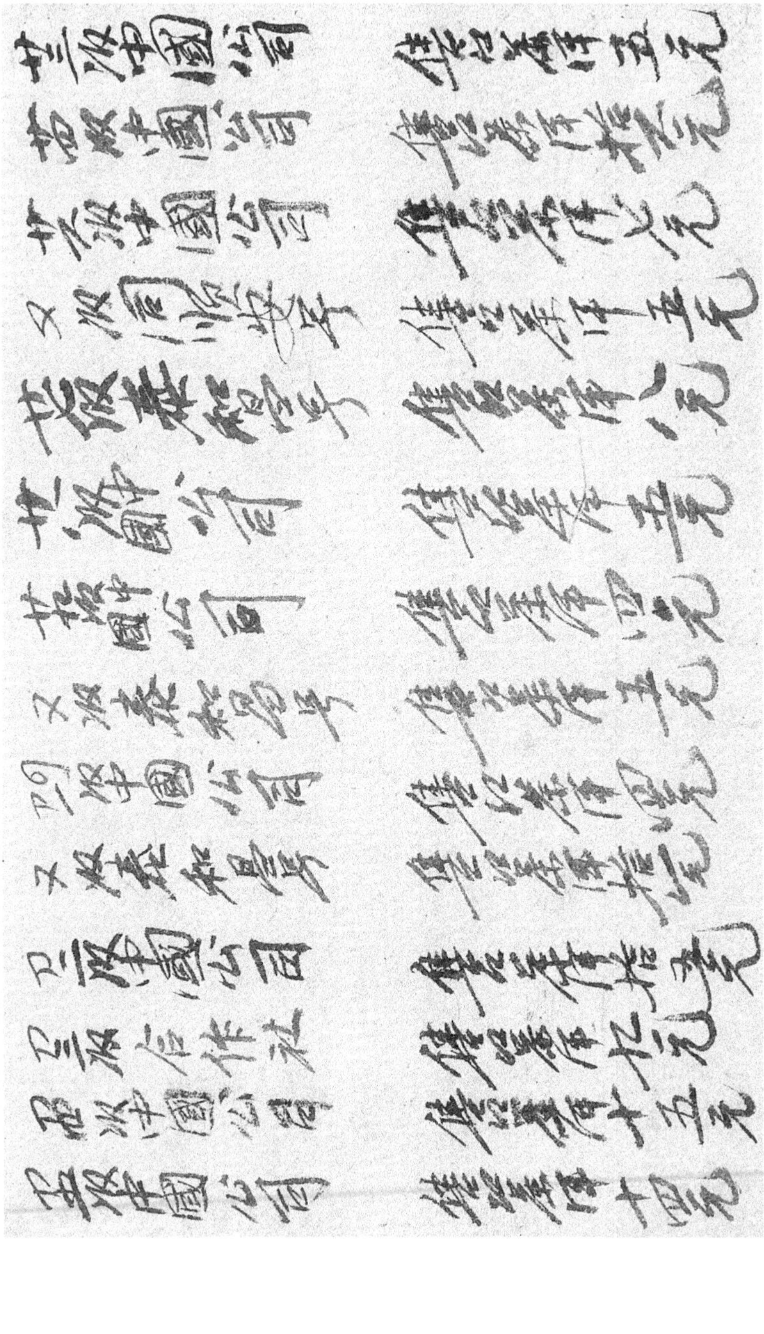

廿六號中國公司　售茶洋十元
廿七號春和昌號　售茶洋五元
又號裕盛昌號　售茶洋四元
廿九號中國公司　售茶洋十元
十一號滙源號　售茶洋四元
十二號中國公司　售茶洋七元
十三號同德號　售茶洋二元
又號中國公司　售茶洋四元

四　四房智字号分家阄书

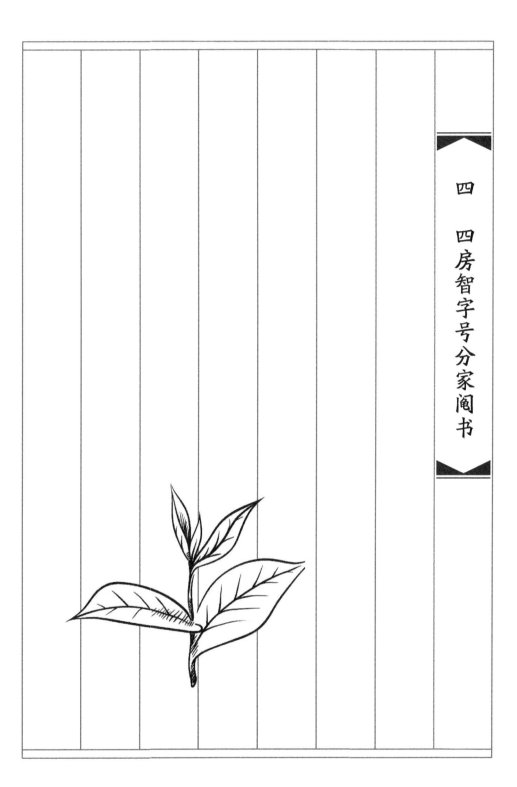

四房
智字號

立議閲書人戴振彭緣身承父遺囑曰吾二人所望者爾兄弟同心同德無啟操戈入室之爭克儉克勤當知一絲一粟之苦各忍爲懷同居九世相愛爲念共爨百年斯能創基業以光前大統緒以垂後吾二人雖死猶幸至於今遺言在耳吾兄弟豈忍遽言分耶奈因家繁浩大不能奉受先訓是以將承父暨買受茶萪屋宇山塲田

祖等項並搭五匇均分以作仁義禮智信字號拈匇爲定自分之後各管各業守高曾之矩䕶儉樸成家教子孫以善良忠厚樂業再卜螽斯衍慶麟趾呈祥庶不負吾父母之遺命也

四房知字屋宇

鬮得椋樹底屋基地壹塊眾貼洋卅壹元又三房禮字貼洋五元所有四房做造即將洋歸振風事用

所存磚瓦一併归与四房做造　又貼外塢松柴八根

又左邊靠祠堂厨屋壹重楼下長三四房均共作灶楼上歸三四房执管候做造之後楼上楼下一併归與長三房均分

四房智字田租

土名吴家坦　田壹坵

土名朱獅坑上　每年寔租弍秤

又仝処下　每年寔租叁秤

弍房義字交出　姪
該租民國元年十一月十日出賣與永進
三房禮字交出　名下管業
收、各

四房智字山場

土名大培上正塆茶𦿐杉苗地壹塊中坡照界直上五業房

土名中央坑外塆茶𦿐杉苗地壹塊内浔上截

土名戴家坦茶𦿐地壹塊内浔左边下截

土名上江坑杉苗地壹塊里至長房外至三房

土名八分里茶子地壹塊外至义房 本処茶子地脚杉苗地当塆直下

土名吳家山嶺頭下塊茶子地壹塊

土名佛巖塢下塊杉苗地壹塊

長房仁字屋宇

一分得老祠堂左邊向後房壹ㄏ 楼上楼下過廂一併在内

又左邊靠祠堂厨屋壹重 楼下長三四房均共作灶楼上歸三四房执管

長房仁字田租

土名吴向冲𧿹田一坵又仝处𧿹田一坵與五房振珍

均共

土名朱獅坑𧿹 北泻寔租壹秤汃房義字交出

土名高池坑口田一坵田塝茶萪一併在内

長房仁字山場

土名中央坑正塝下截杉苗地壹塊

土名塔里路上茶蓢壹塊 里至金荣業外至三房業訂界直上

又仝処地骨壹塊 里至三房業界直上外至金貴業

土名仝処降上杉苗地骨壹塊 至有玉業

又仝処外塊杉苗地骨壹塊 至大祥業

土名里田坑茶子蓢樹地壹塊 内淂右边

土名上江坑杉苗地壹塊 里至有玉業外至四房業

土名吴向冲茶坦地骨壹块
土名吴五塝買受馨如厕厮地屋一所
土名梅嶺坑茶坦地骨壹块

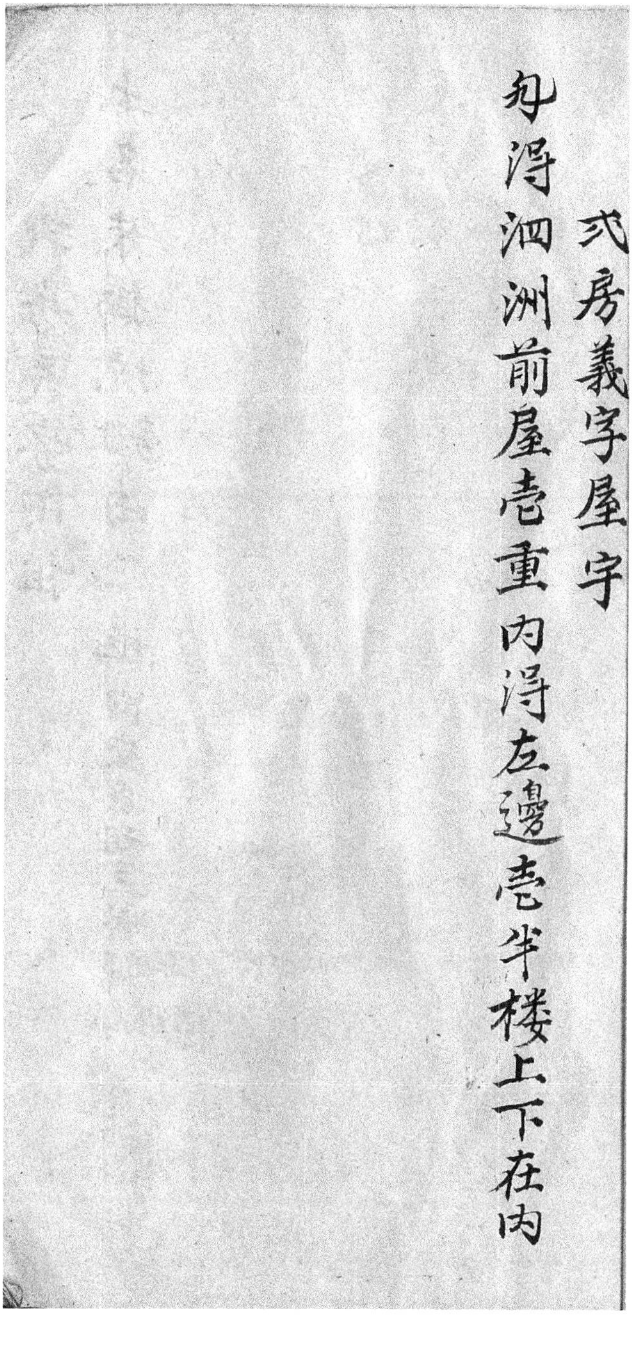
弍房義字屋宇
分得泗洲前屋壹重内得左邊壹半楼上下在内

弍房義字田租

土名朱獅坑上号田三坵内交实租三秤歸長房乚秤振凤弍秤兹田乏振

風土租 民國元年十二月吉永進

買受晉業收谷

弍房義字山場

土名金溪喫水茶萪地骨一塊

土名塔里路下茶萪杉苗地骨一塊

土名九公壪茶萪地骨一塊

土名水碓壪河下茶萪地骨一塊

土名戴家坦右邊下截茶萪地一塊

土名上江坑降上茶萪地骨一塊内淂高池坑一边

土名葱艸塢頭茶樟樹地一塊

土名八分裏茶梓樹地一塊　里至四房業　今处路下荒山至里塿券子

土名金奚吃水下塊茶萪地骨一塊

三房禮字屋宇

分得老祠堂左邊向前房一厂併楼上在内正倉归四房居住并房前楼梯与長四房通行上下

又左邊靠祠堂厨屋一重楼下長三四房均共作灶楼上归三四房执

管

三房禮字田租

土名朱獅坑竒下田三坵内交実租叁秤归四房振凤収

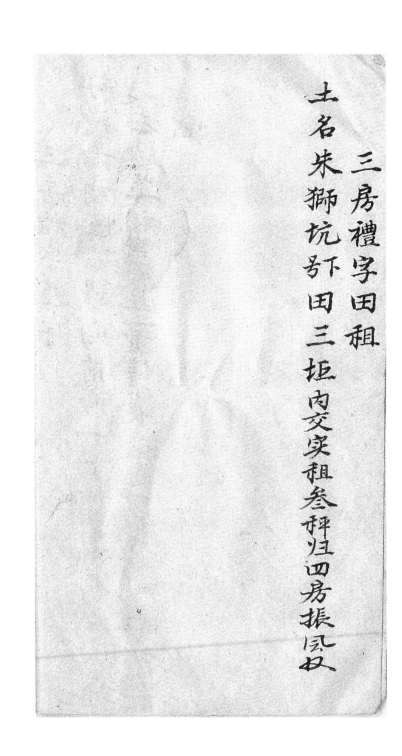

三房禮字山場

土名中央坑正塆上截杉苗地骨一塊

土名塔里路上中间茶科地骨壹塊　裡長房订界直上　外至長订界直上

土名裡田坑茶子地骨一塊　内淂左边

土名戴家坦茶科地骨一塊　内淂左边上截

土名上江坑茶科杉苗地骨壹塊　外淂里至四房業　下至青云業

土名八分里外塆路上樹地一塊　里至二房茶子地

土名麻坦頭杉苗地骨一塊

五房信字屋字

号得泗洲前屋壹重内得右邊壹半併楼上下

在内

五房信字田租

土名吳向充上号田壹坵又仝処中号田乙坵與長房

均共

五房信字山場

土名大培上外塝茶萪杉苗地壹塊直上里至中坡四房界

土名中央坑外塝下截杉苗茶萪地壹塊

土名戴家坦茶萪地一塊内滑右边上截

土名上江坑降上茶萪地一塊内滑下江坑一边

土名麻坦茶子地一塊

土名吴家山岑頭茶子地一塊

土名佛岩塢上塊杉苗地一塊

土名桂竹嶺茶蒔杉苗地骨壹塊

五房均存衆業列居

一存三四都江村𡨴祖拾一秤

一存柿樹坦田壹坵五家均共分種

一存東鄉五都買受田皮屋宇地坦每年論归人耕種逓年硬交乾谷七秤

一存照記叔共厕厮地屋一重内得一半

一存田畔岑竹园地壹塊

一存榛樹底磚包栈棚一所併前厕厮地批定與三四五房均共

于辛丑年将小杉苗地骨归与長三房管業計價英洋九元归祀收訖

一存麻坦在五房信字某字地外杉苗地一塊

一存仝处買受葉朝元地一塊無論何人開種只養杉苗出拚之日照股取半归祠

一存桑坑牛形脚底弍面杉苗地弍塊

一存桑坑虎形頭上與對面塆杉苗地弍塊于辛丑五年虎形山壹号帰与長房管業計價英洋九归祀收訖

一存塋上菜园地骨一塊批與長弍房同共菜

一批東鄉五都所置傢伙谷櫃乙個牛金乙付搭鐺乙付鉧乙張禾斛乙個牛梘乙個

一批東鄉五都屋宇大修整理五家公論小修整理費用係是居住自管

批四房智字做造屋宇雜工長弍三五房共貼自飯六十工

五房众存神会列后

一存汪公日生会　一𠬛

一存汪公永丰会　一𠬛

一存土地会　一𠬛

一存上七会　一𠬛

一存關帝會　二𠬛

一存孤墳会　一𠬛

一存路燈会　一𠬛

一存老三家廿五叏関帝会一叏

一存文昌会　　　一叏

年乙亥春正月滿日立閲書人振彭

弟 振彰 十

振彤 福

振風

振珍 ○

中見族兄 振泮

族弟 振貴

代筆人侄 起霖

代筆房侄起龍　[illegible]

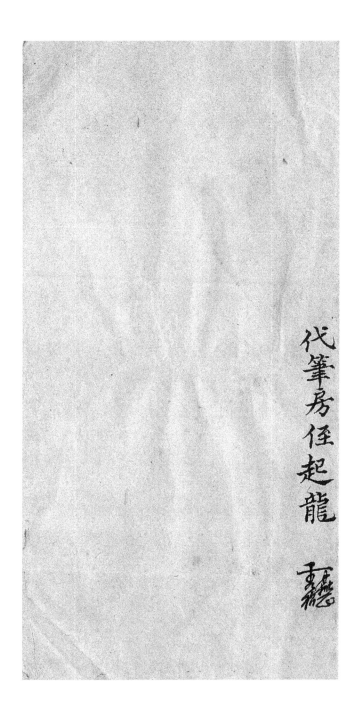

五 「民国十年至民国十六年」收茶流水账簿

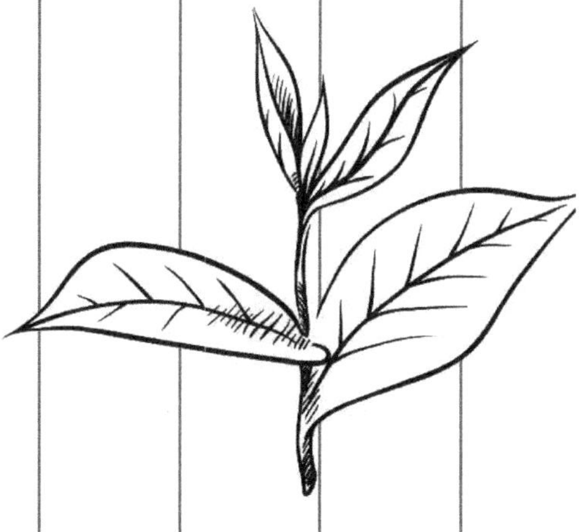

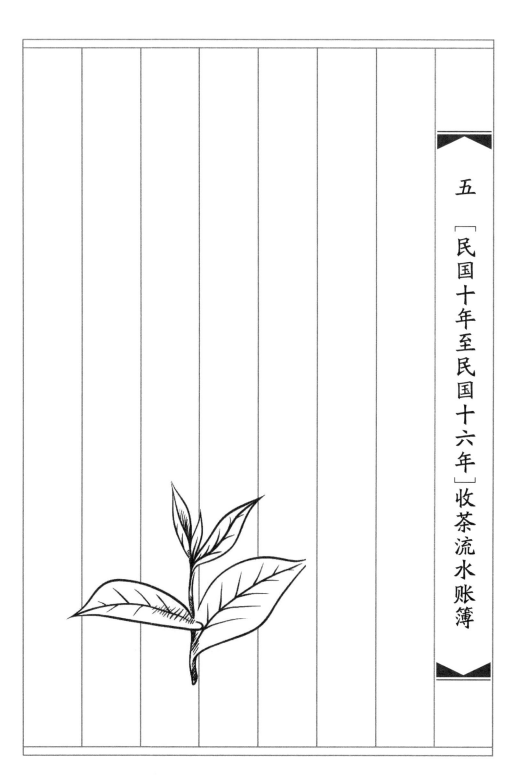

又收有白鈆　售大麥洋　元

又收次安叔　售大麥洋廿四元

十二月　收與初濤　包四千佰文

五月　收中元人會借來洋三元八

[illegible]收　運[illegible]茶洋[illegible]元

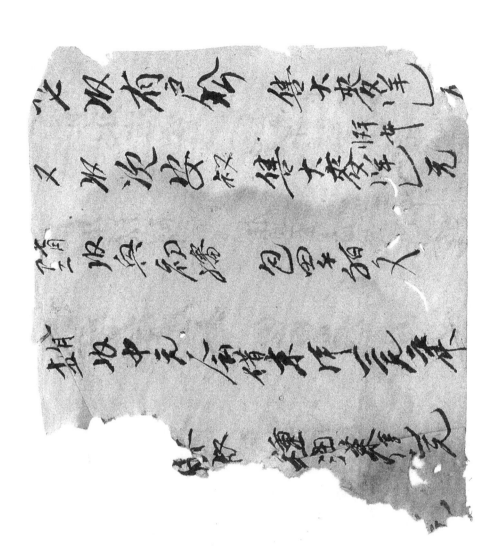

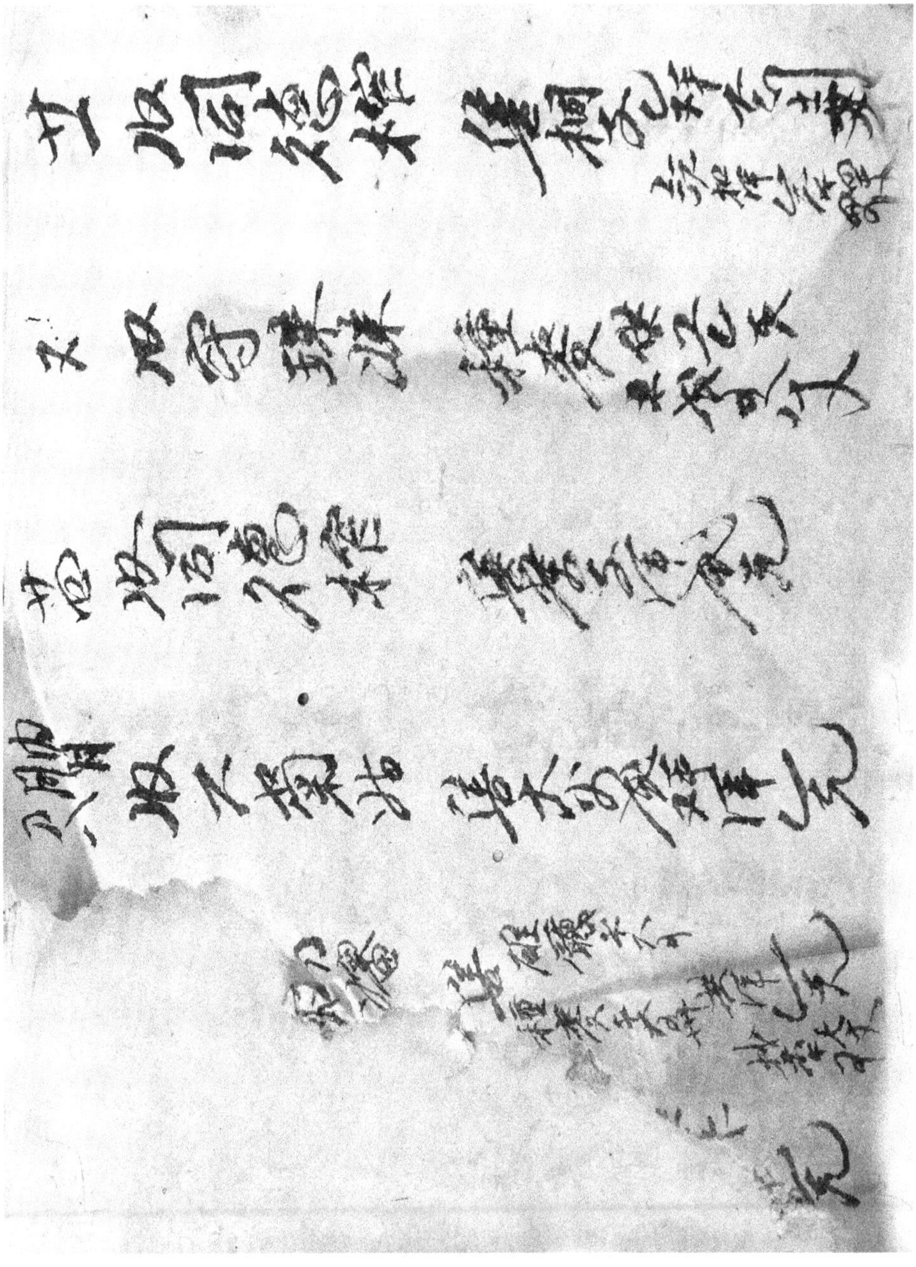

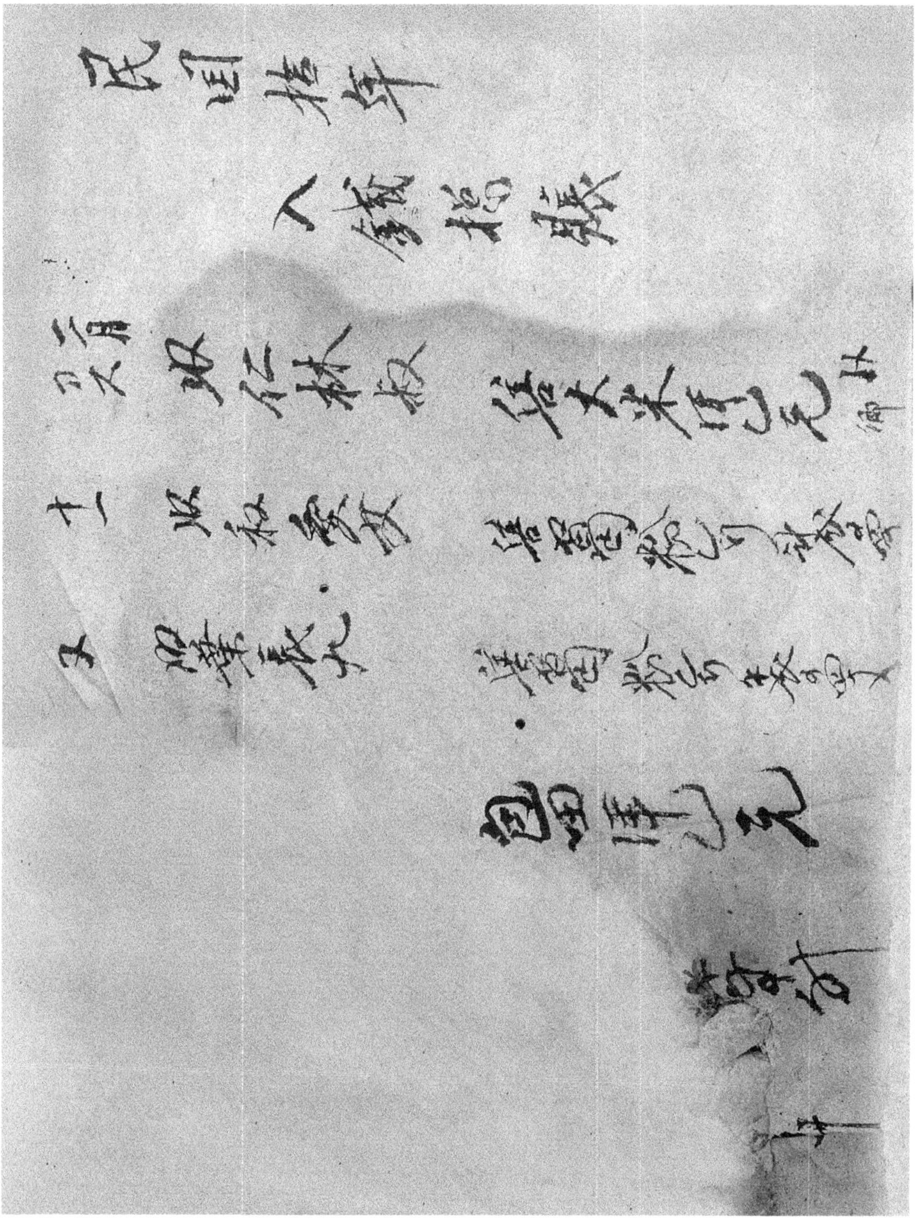
民国拾年

入茶总账

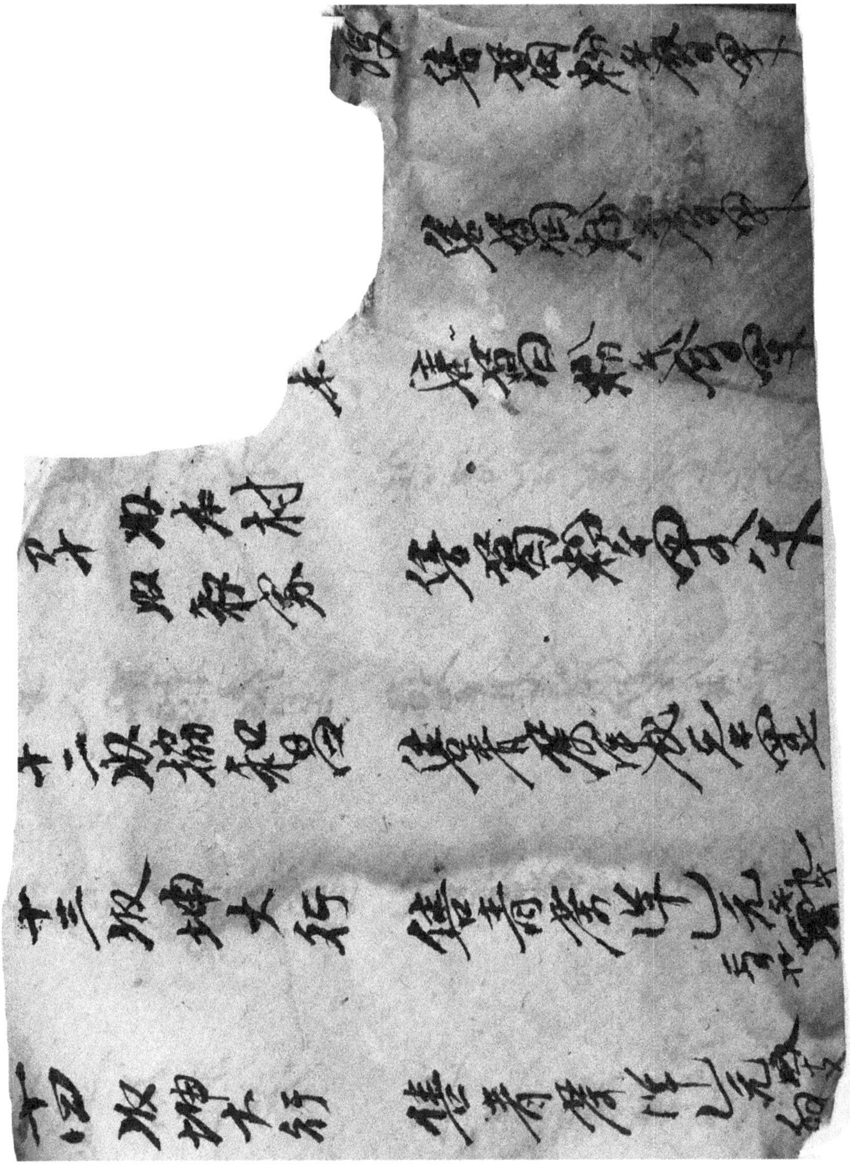

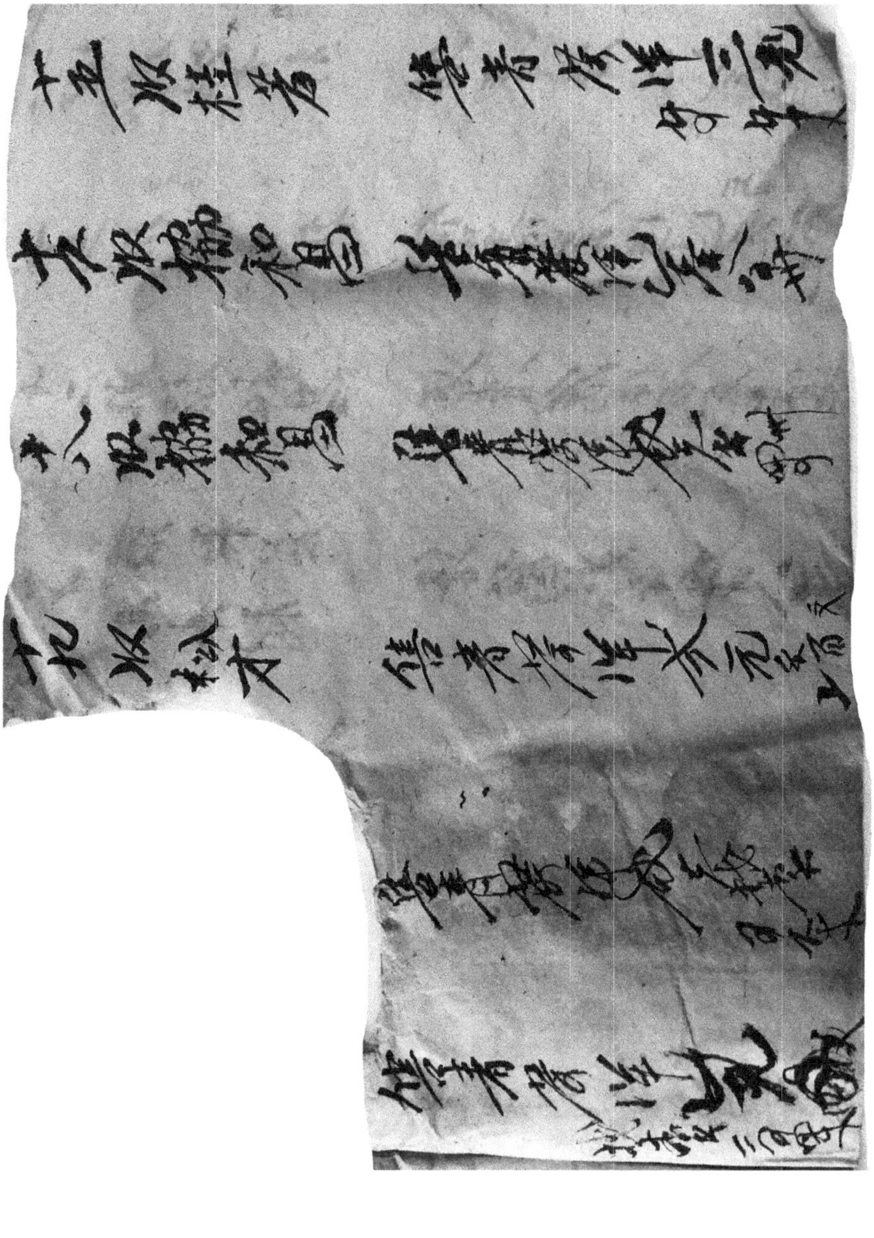
十五 収 桂芳
十六 収 樹和 昌
十八 収 樹和 昌
十九 収 松 才

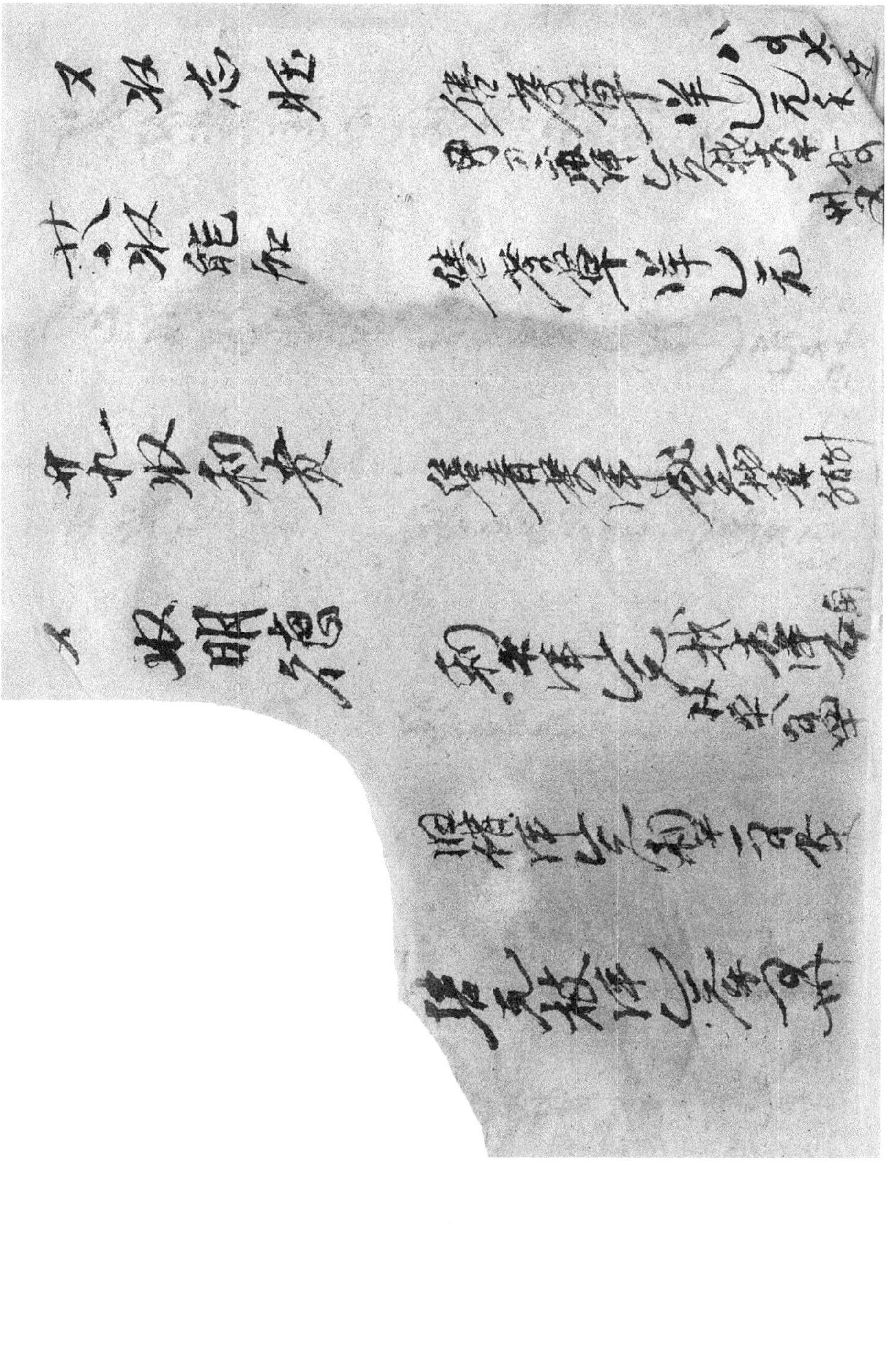

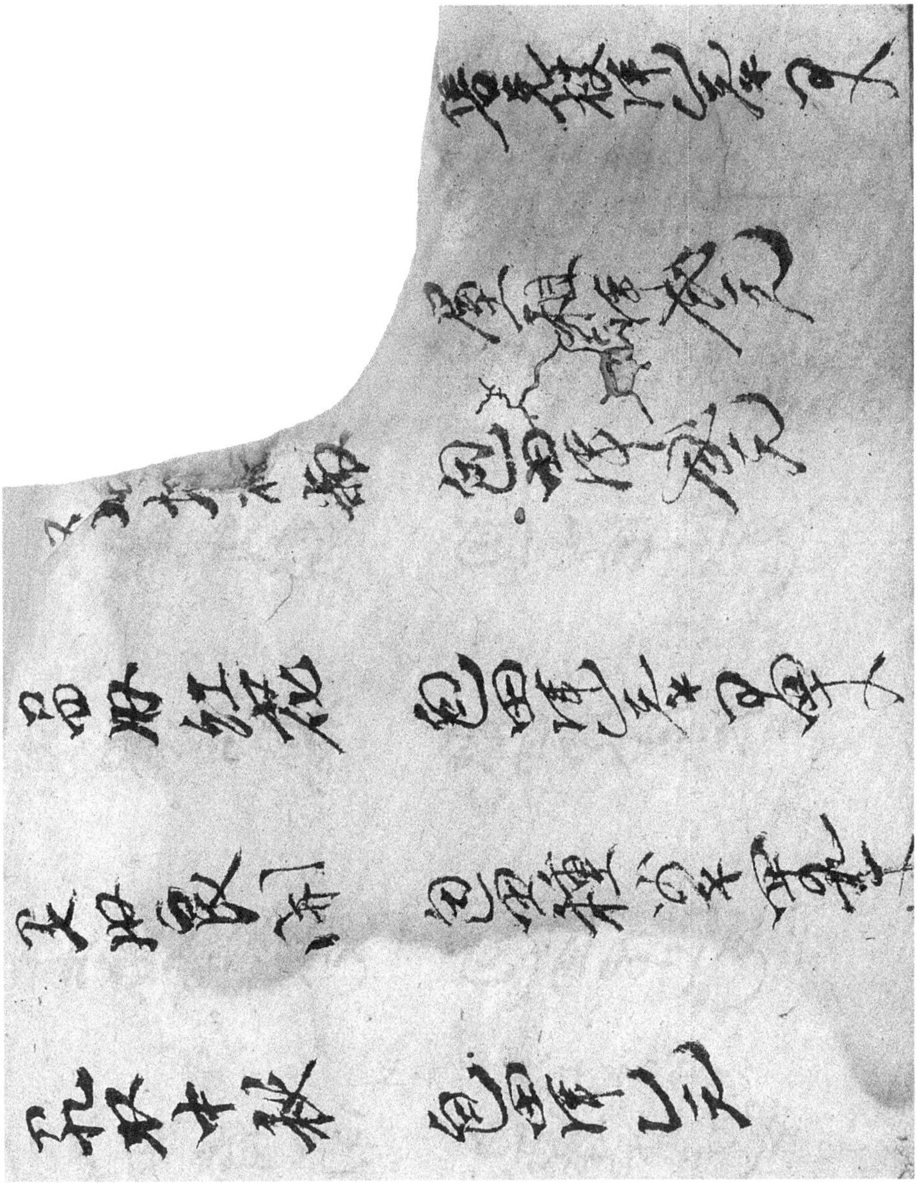

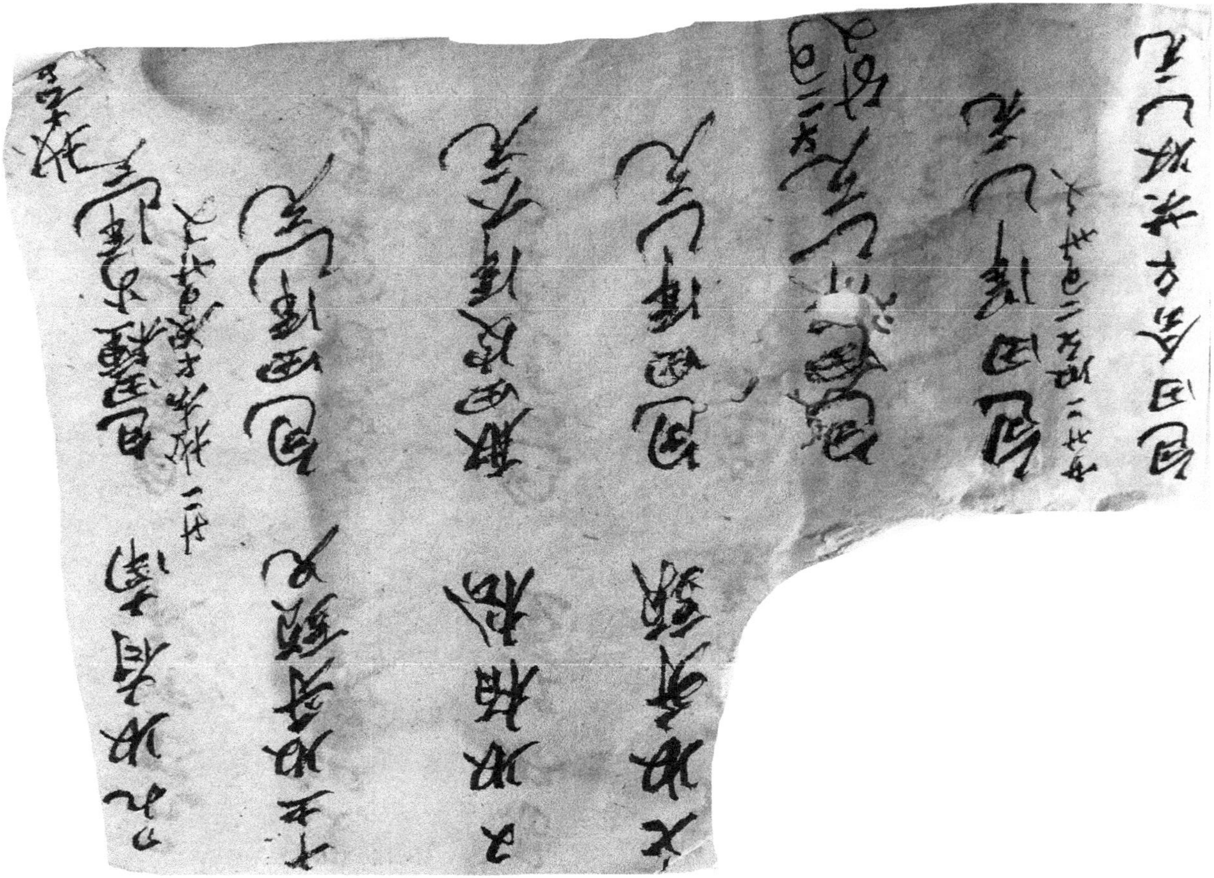

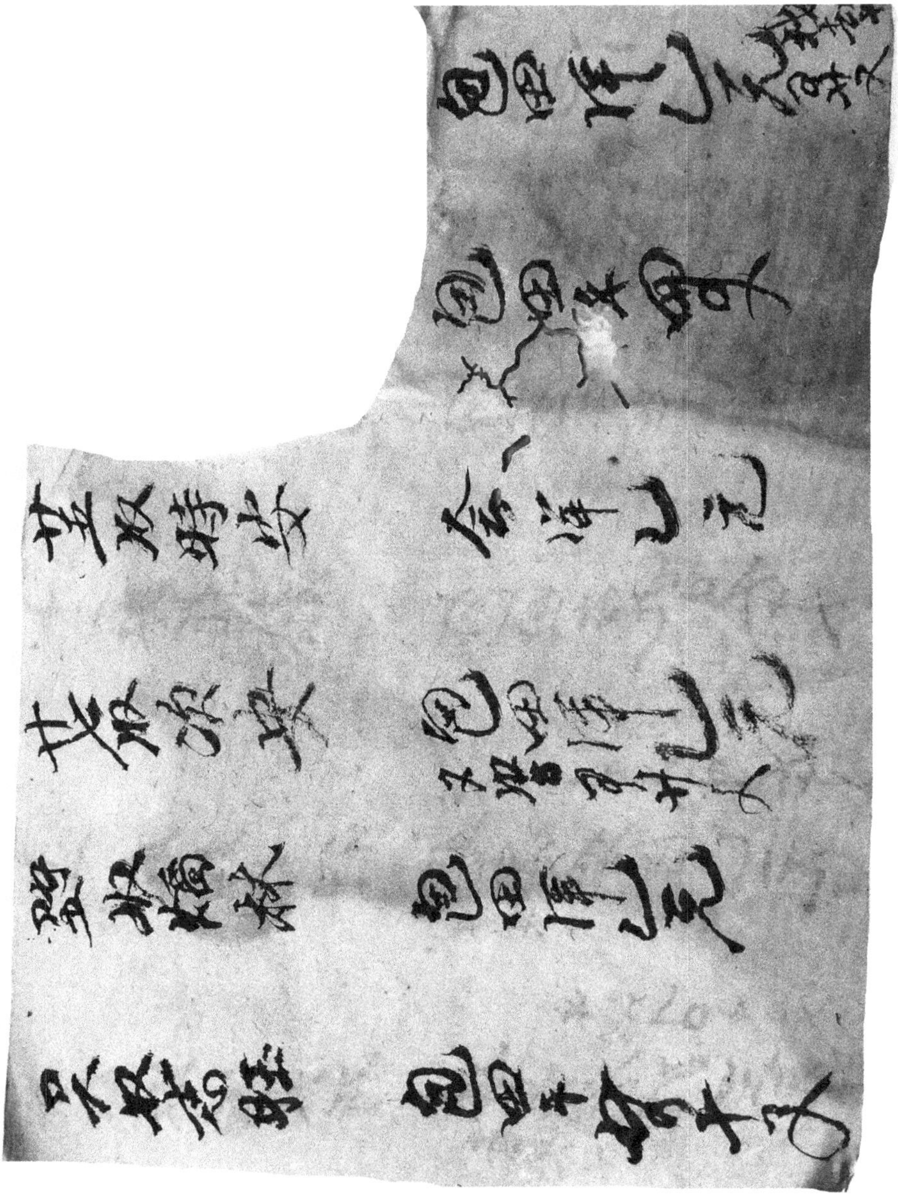

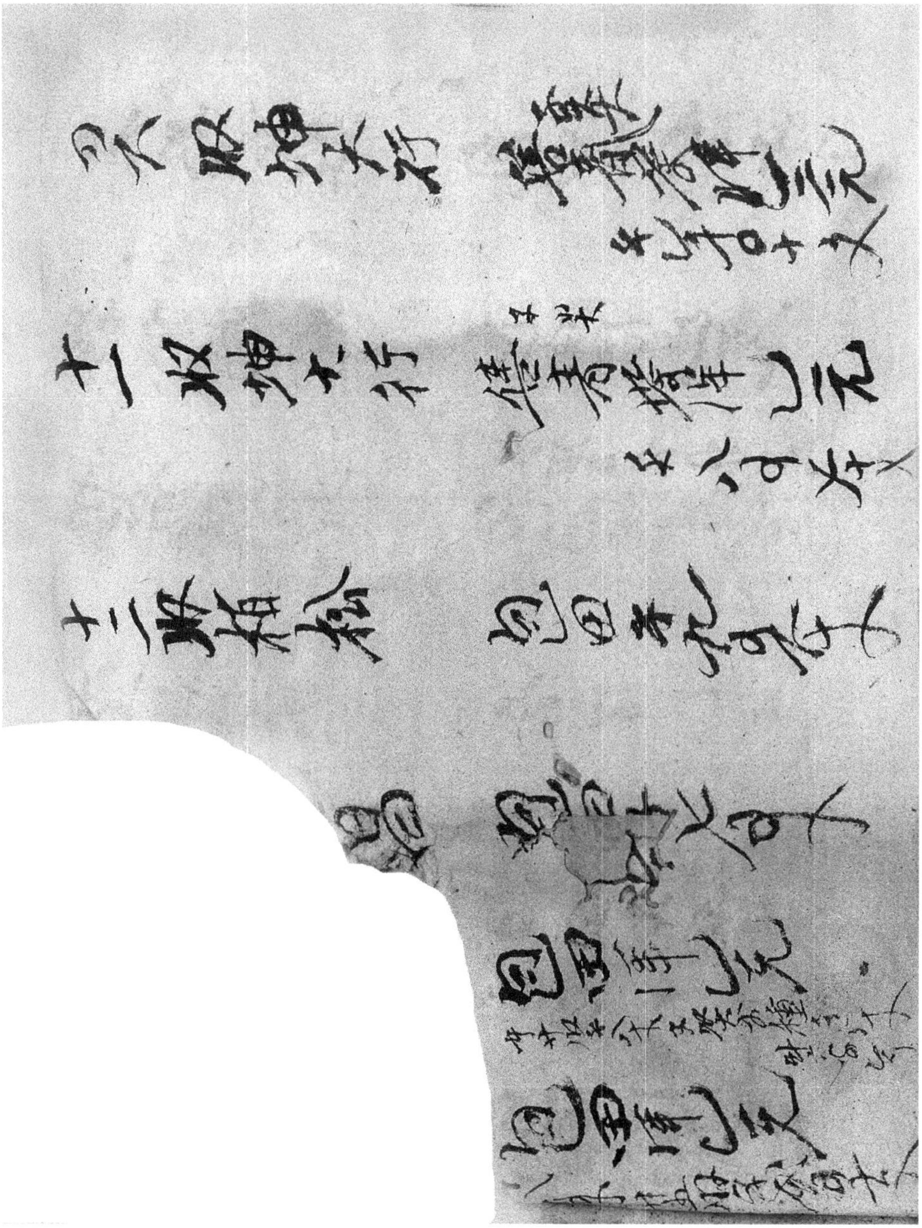

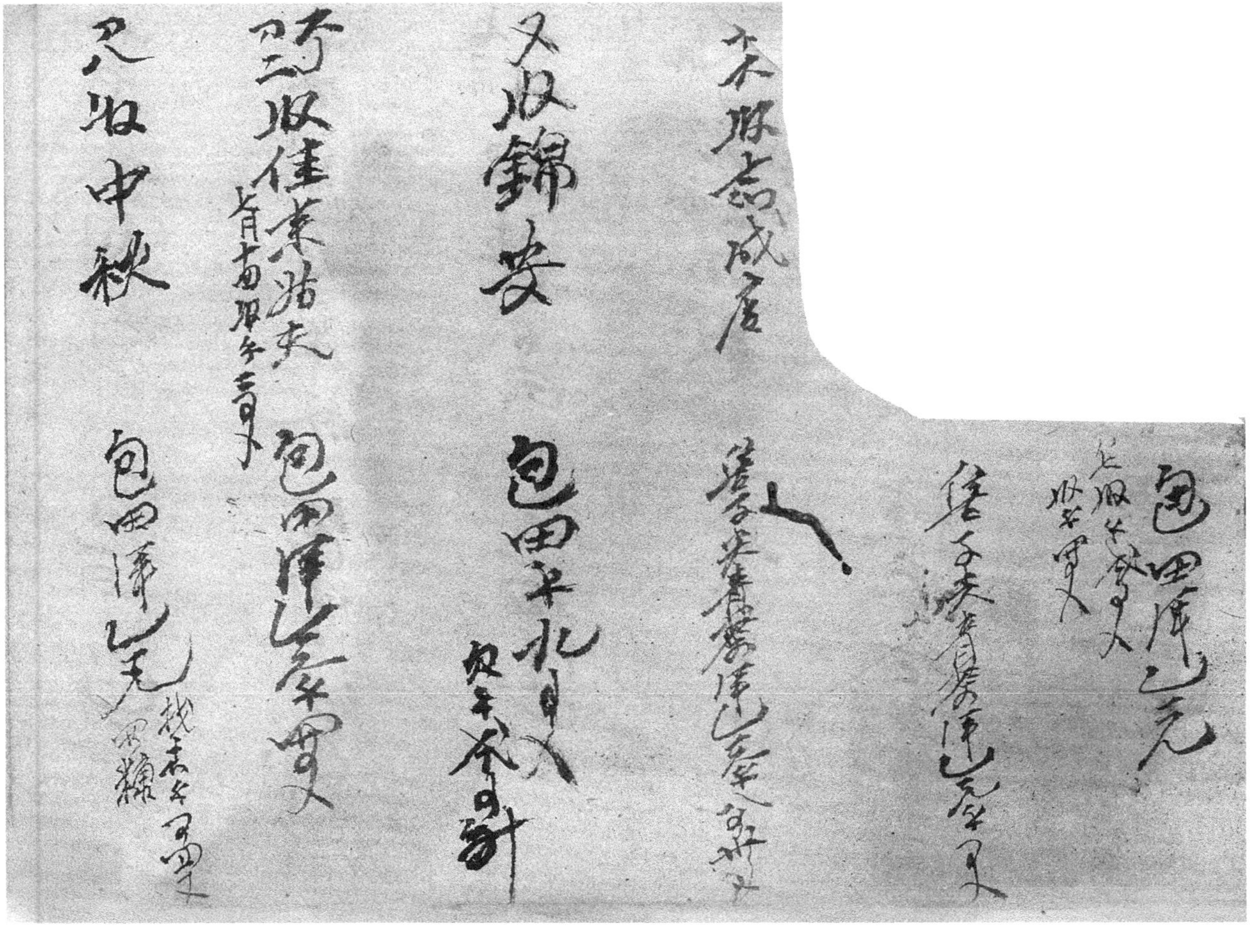
包田洋乙元
佳子春有發洋乙元
佳子春有發洋乙元
茶服志成店
包田平九
又收錦安
包田洋乙元
吉收佳葉諸夫
包田洋乙元
又收中秋

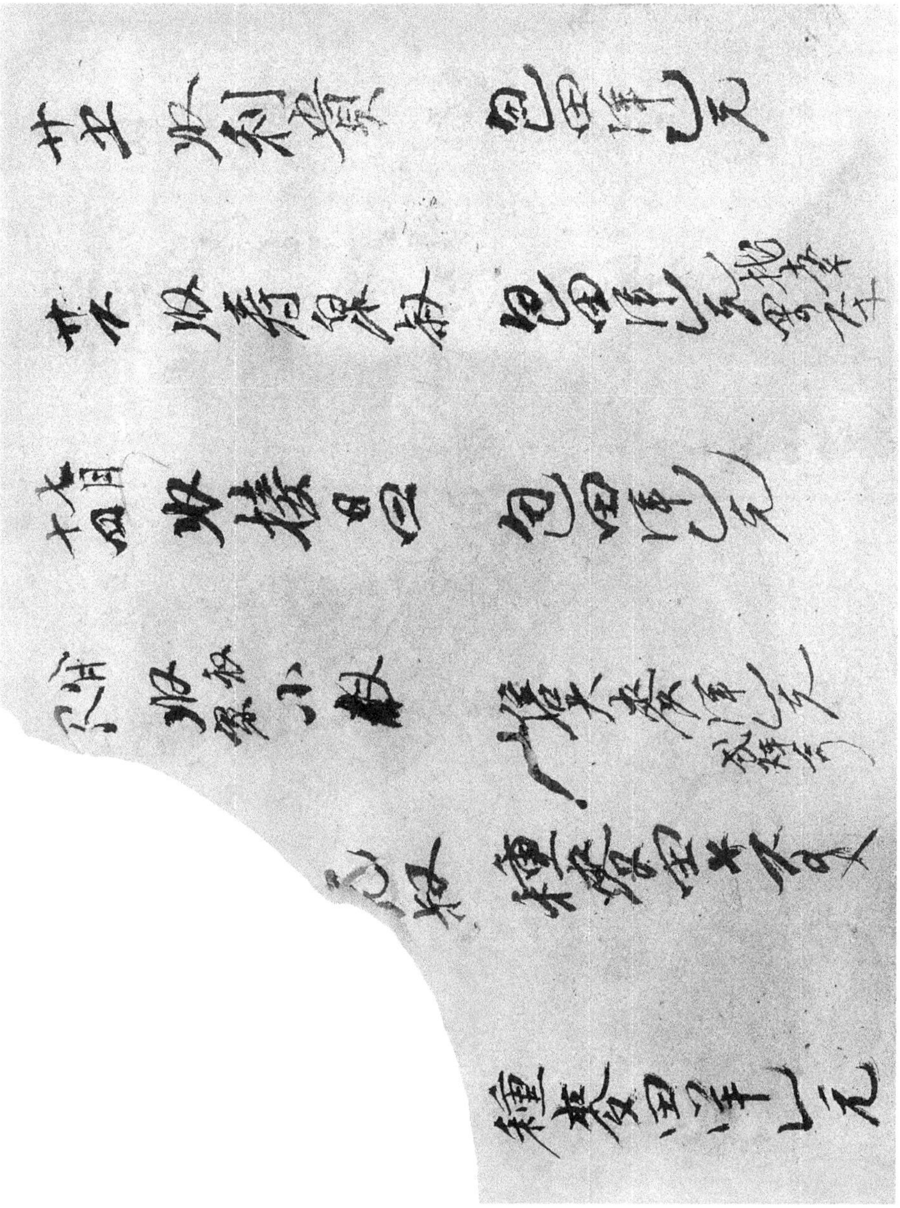

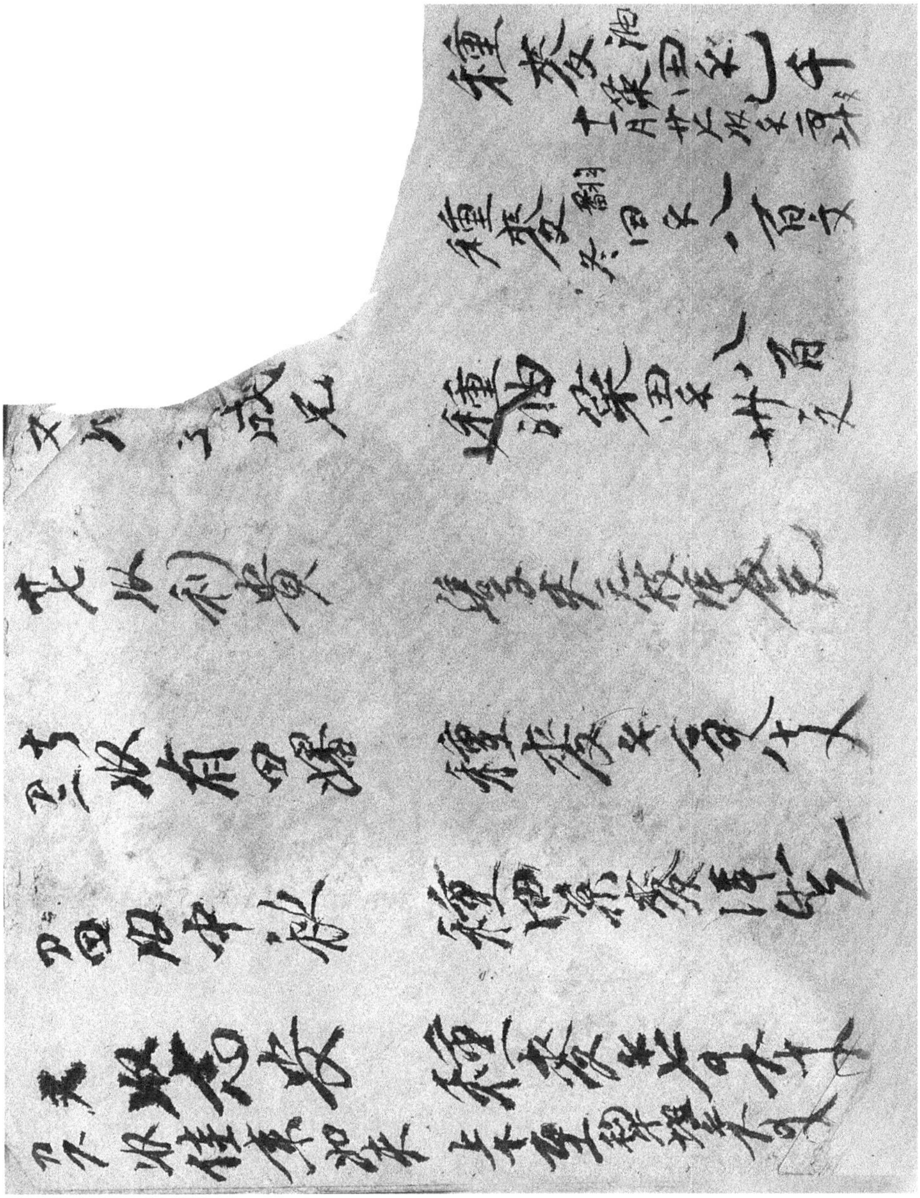

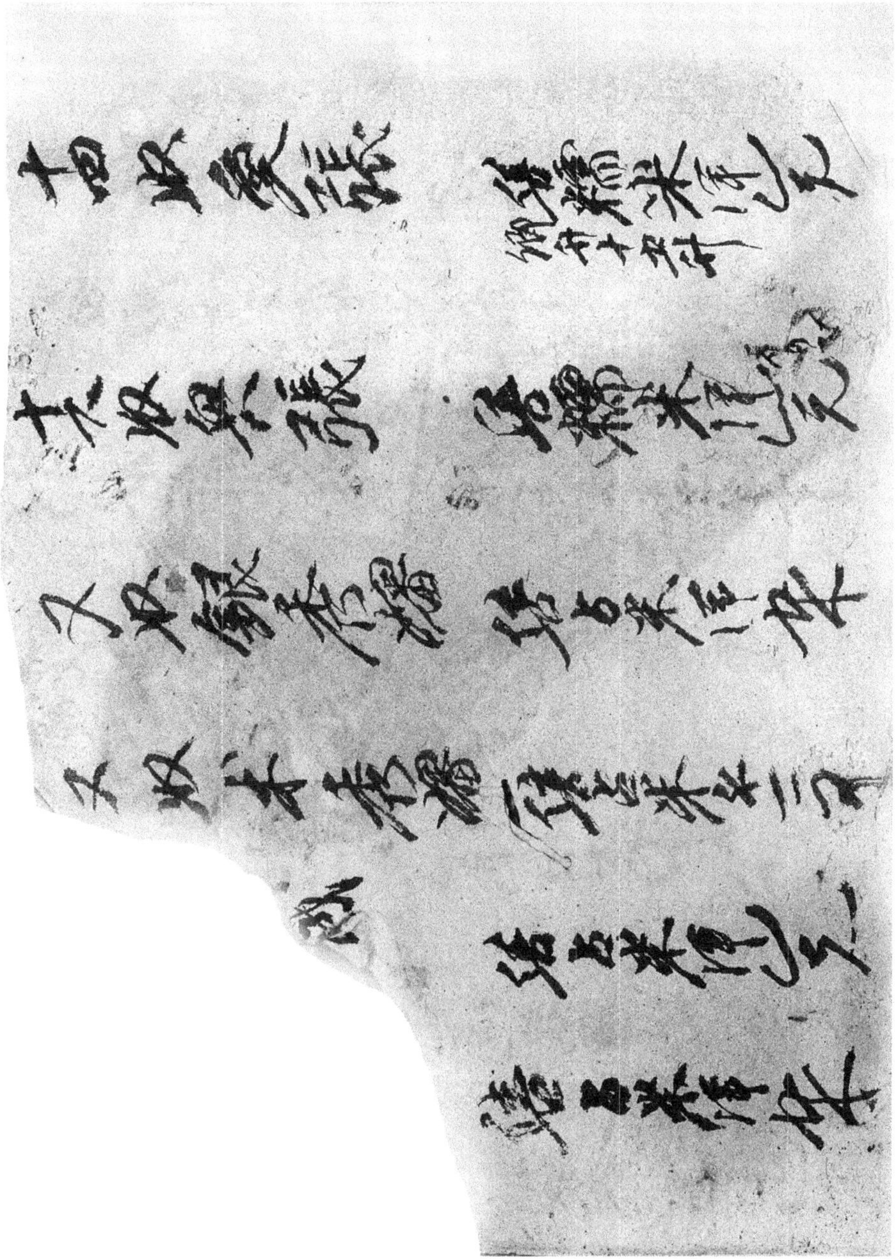

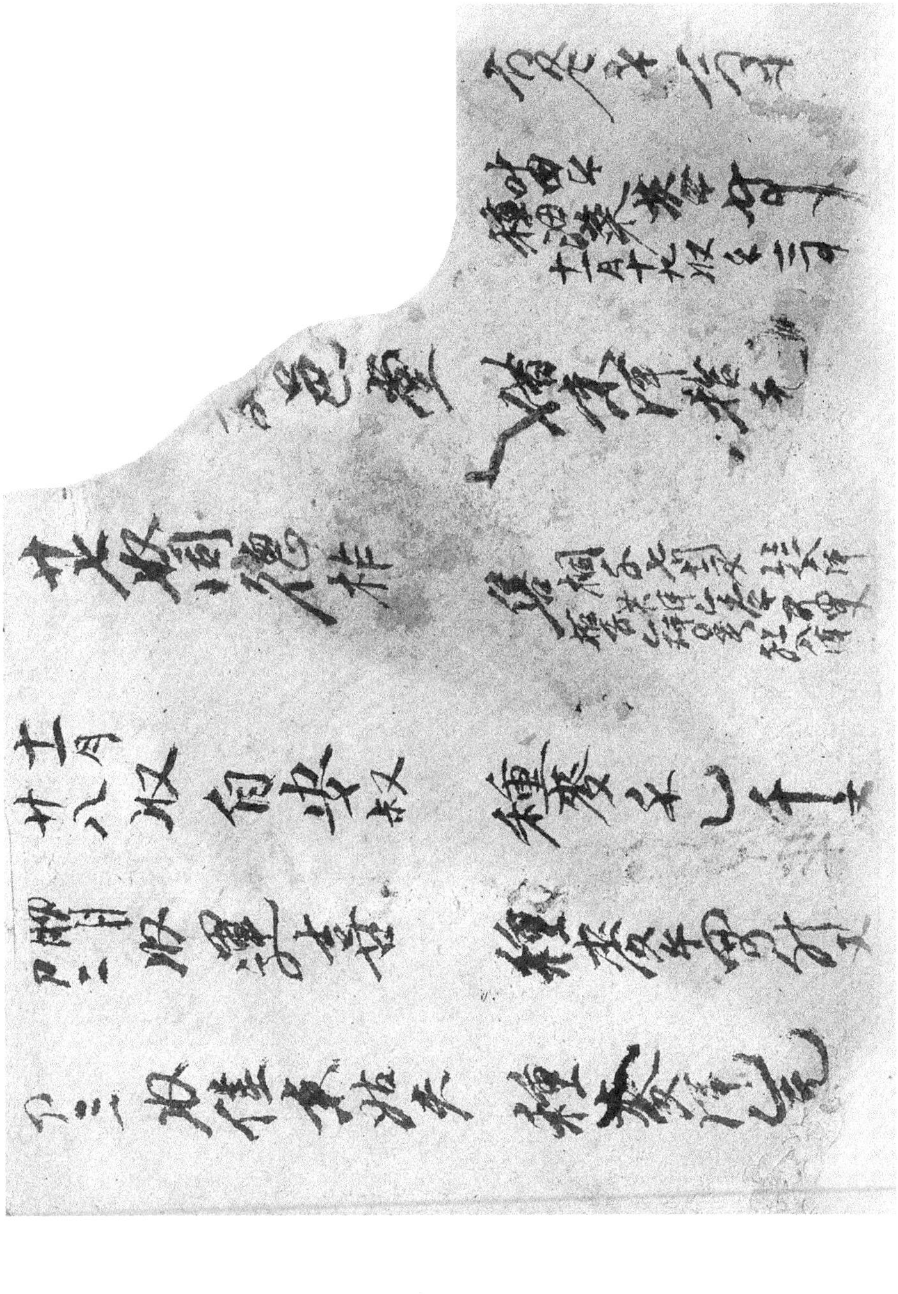

又八 收瑞丁会　番田沙洋元三

十一 收叔家小枚　番占米洋元
番西洋柒

十 收叔花　番占米洋元八分五
占米一升

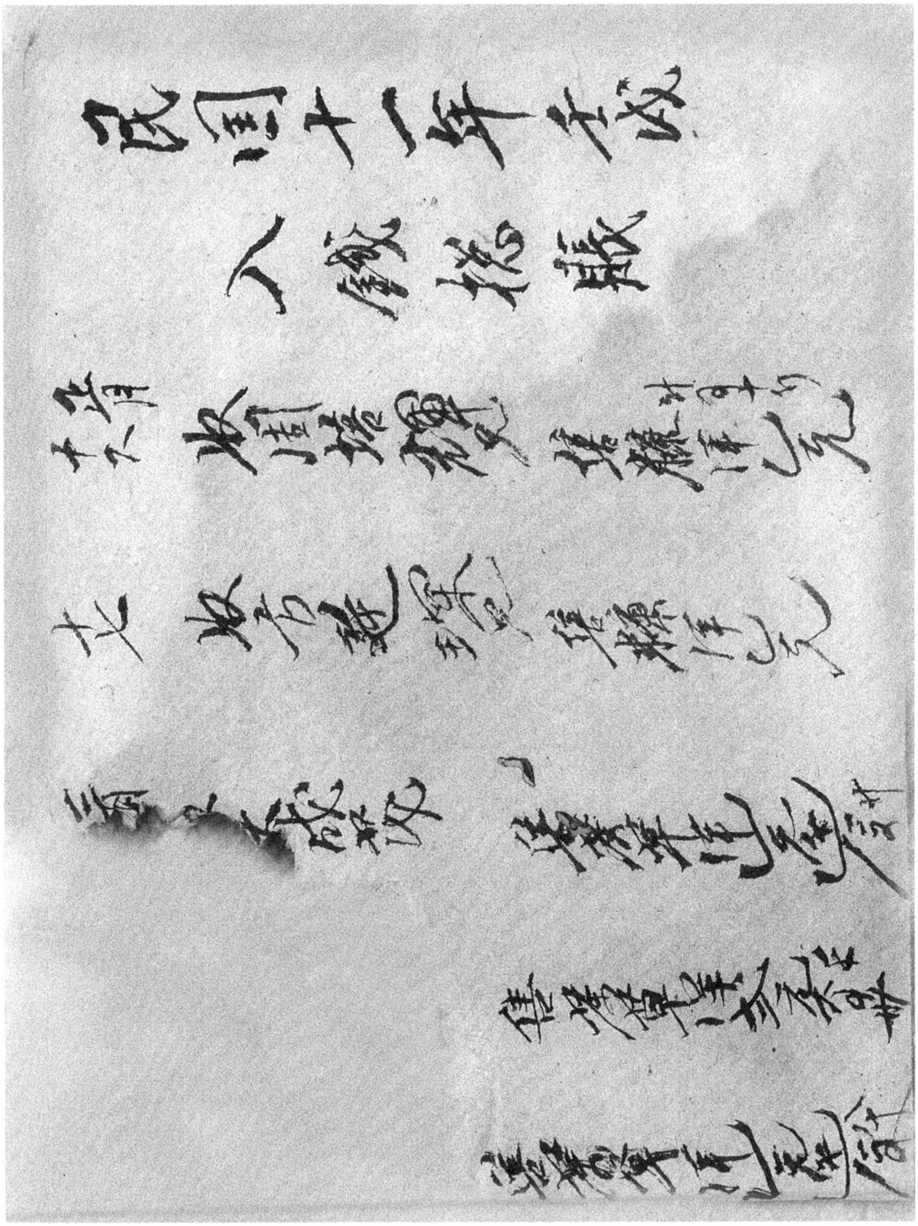
民国十一年壬戌

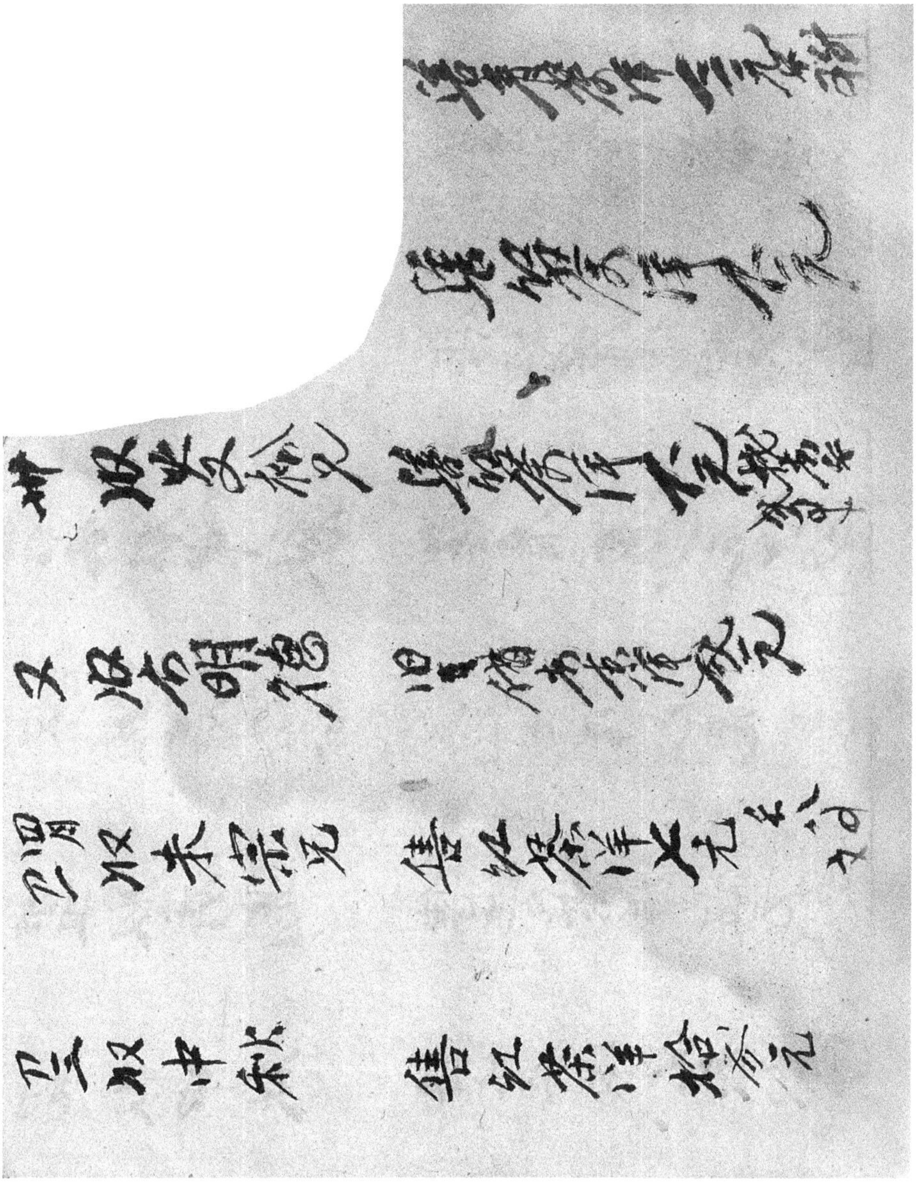

酉收中秋　售红茶洋七元

丑收秀光　售青茶洋伍元

又收寿全公　包田洋七元

又收中秋　售青茶已元

小盛　售红茶洋四元

售青茶洋四元七

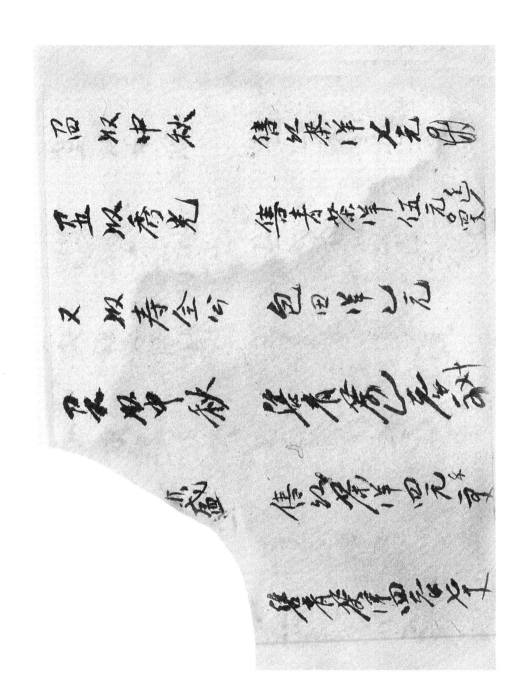

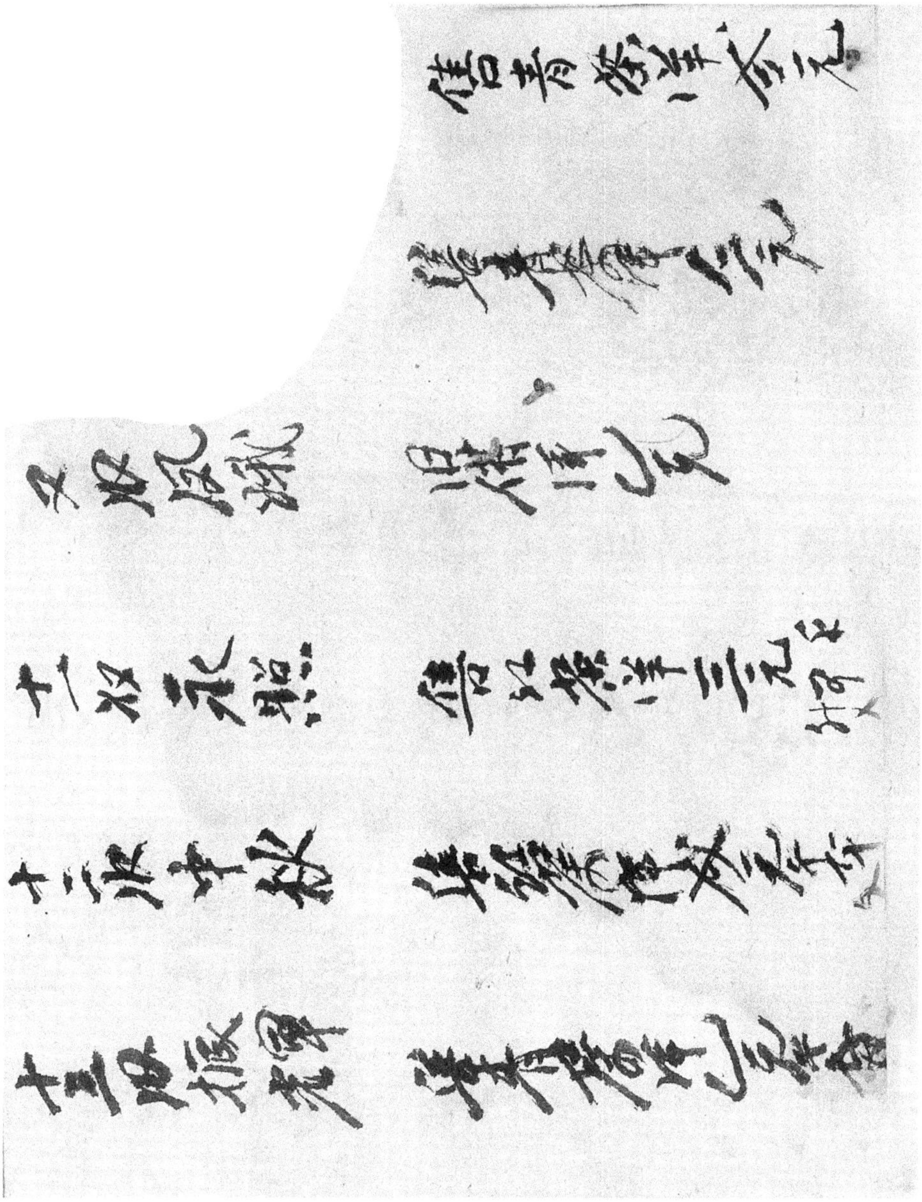

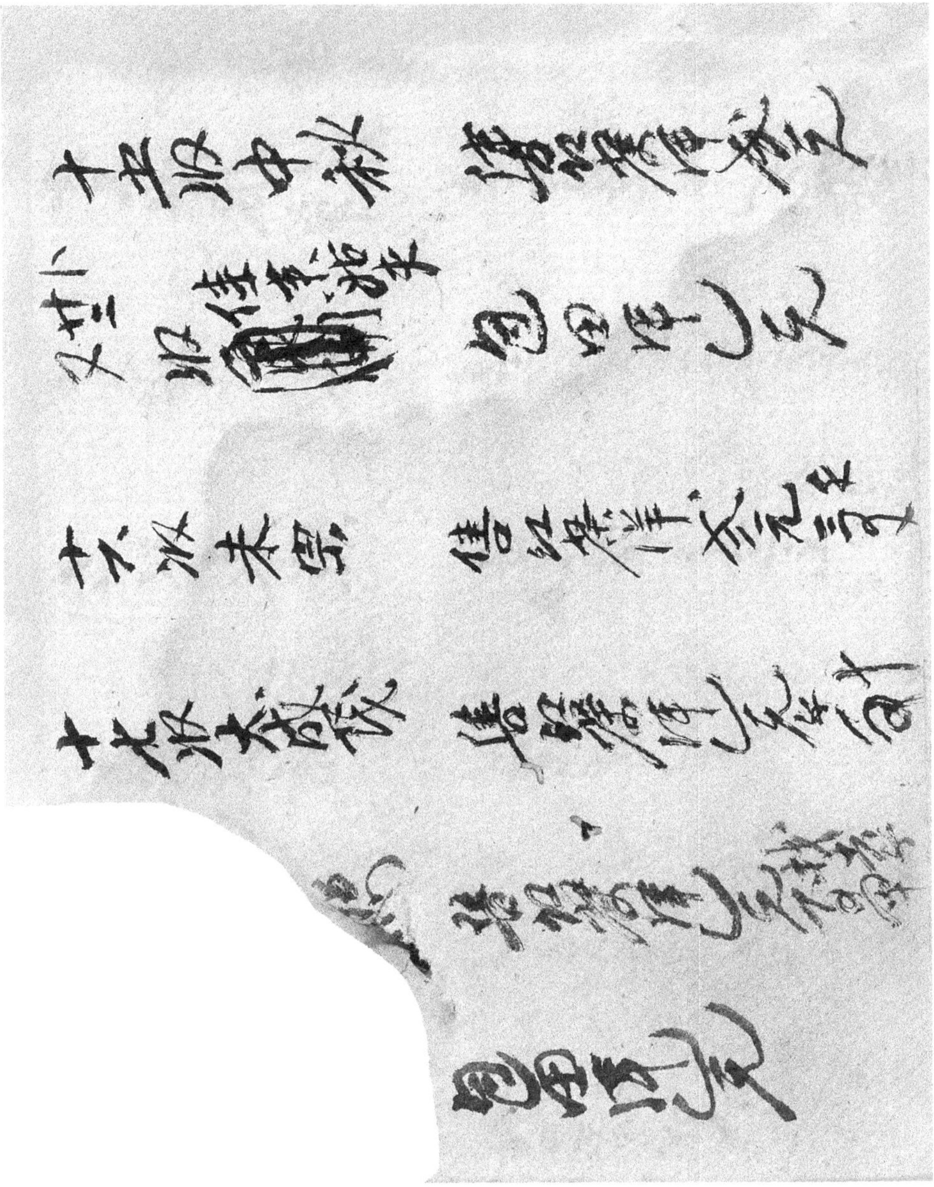

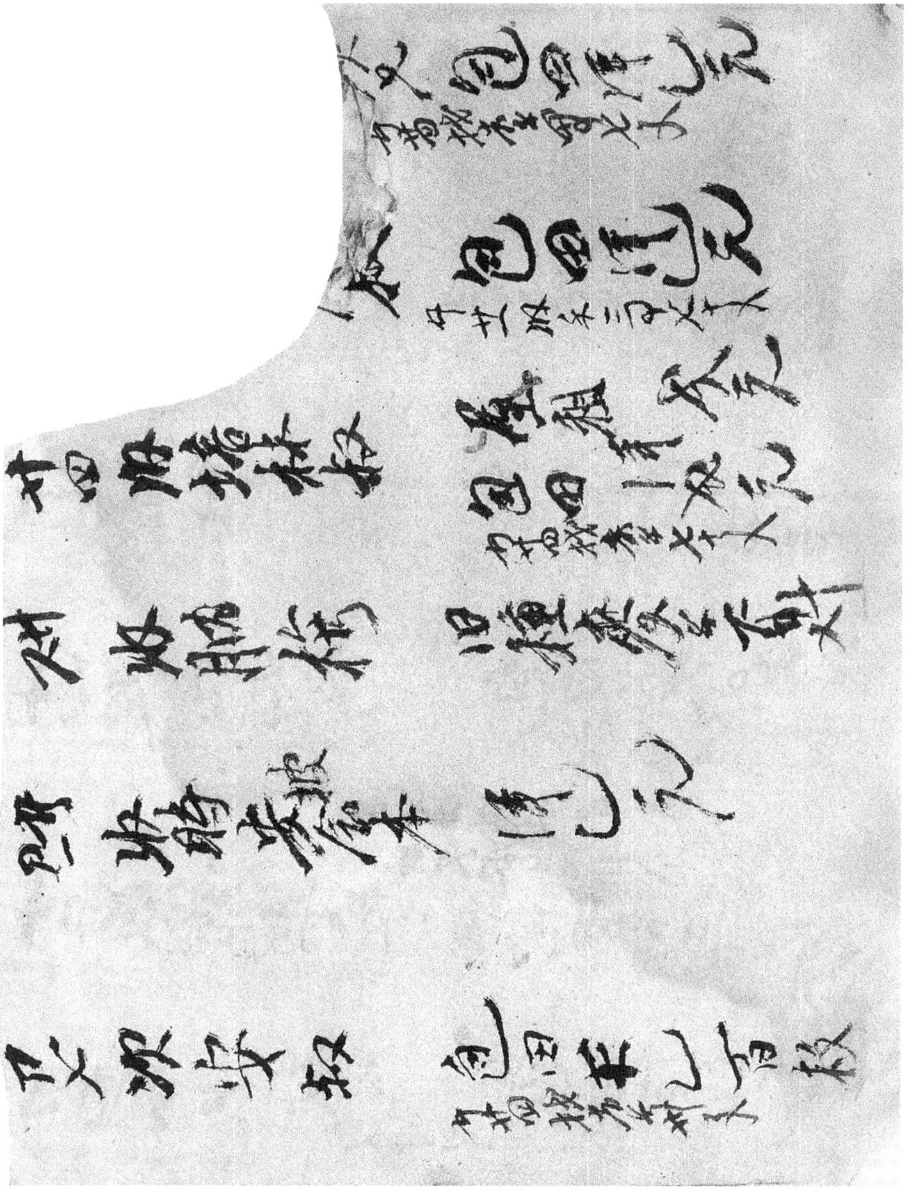

九號中秋叔　又〤〥二秤斤和〤文　包田洋〡元

十二號錦安叔　廿又秤斤〡分〤文　包田〤斤三〤分〤文

　　　　　　　共十二秤斤〤分〤文

十四號𢭏九叔　包田〤文〤〤〤文

十五號剎賣　包田洋〡元八〤分〤文　找去斤

　　售〤斤米青茶洋〡元[illegible]

　　售〤斤米青茶洋〡元　斤〤〤文

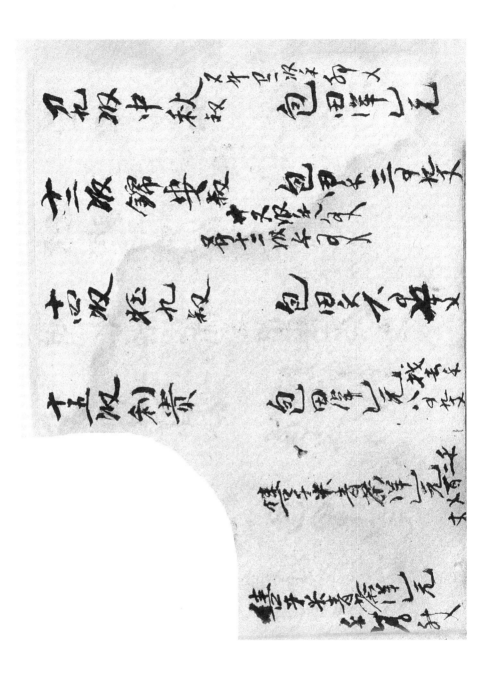

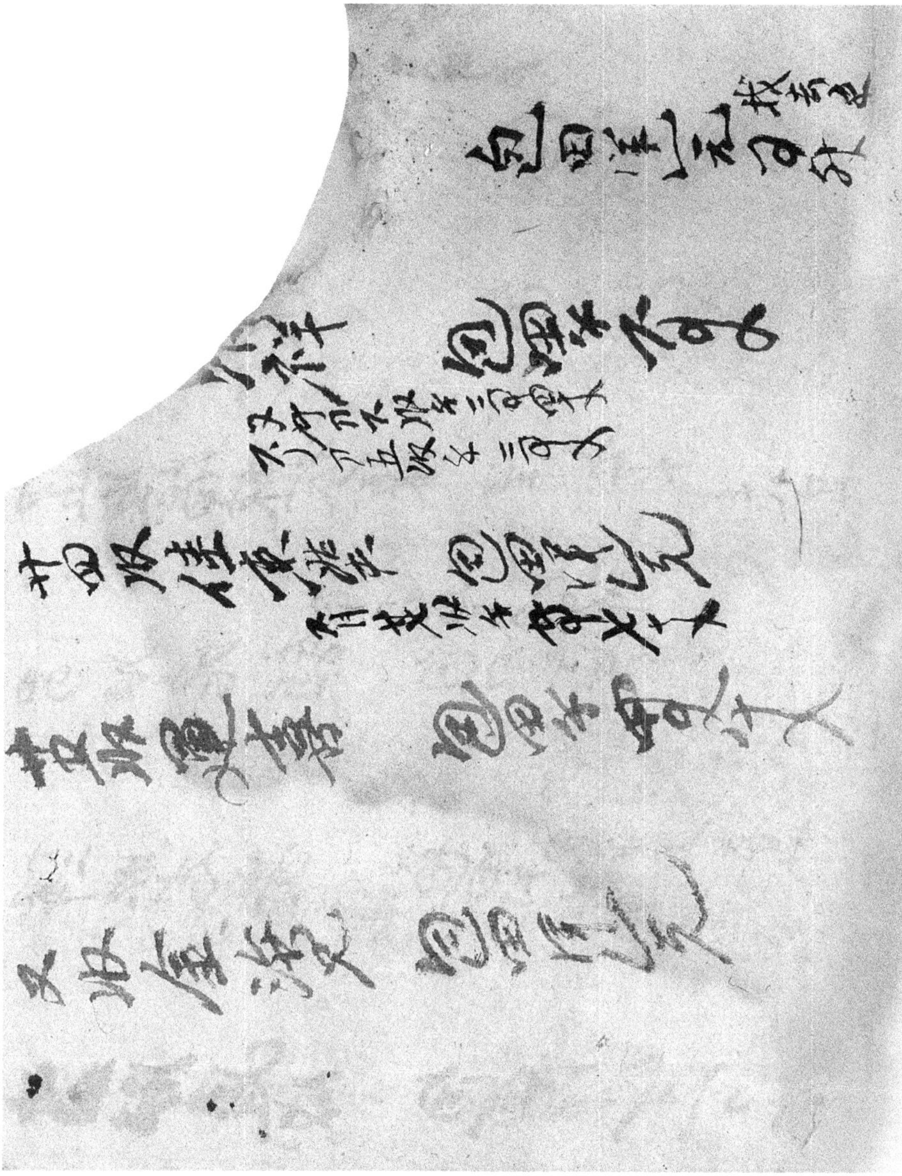

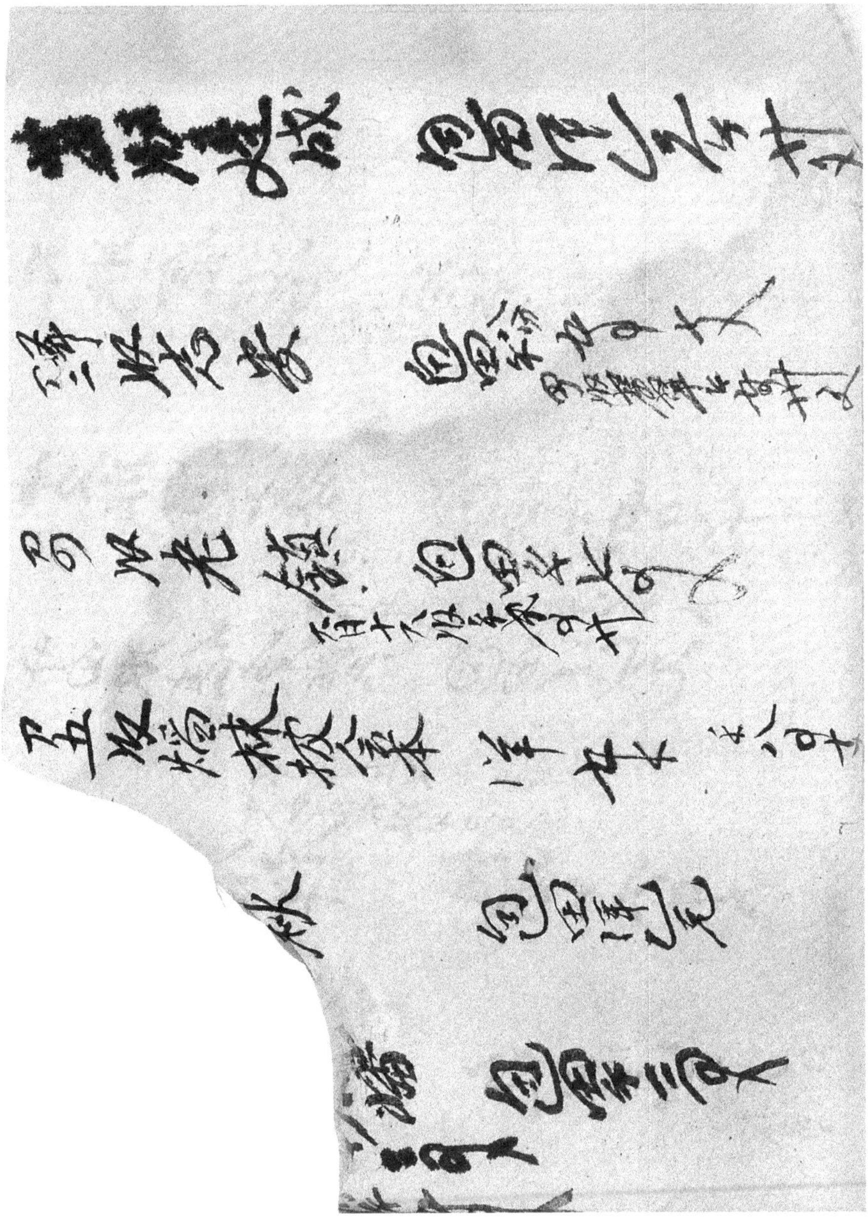

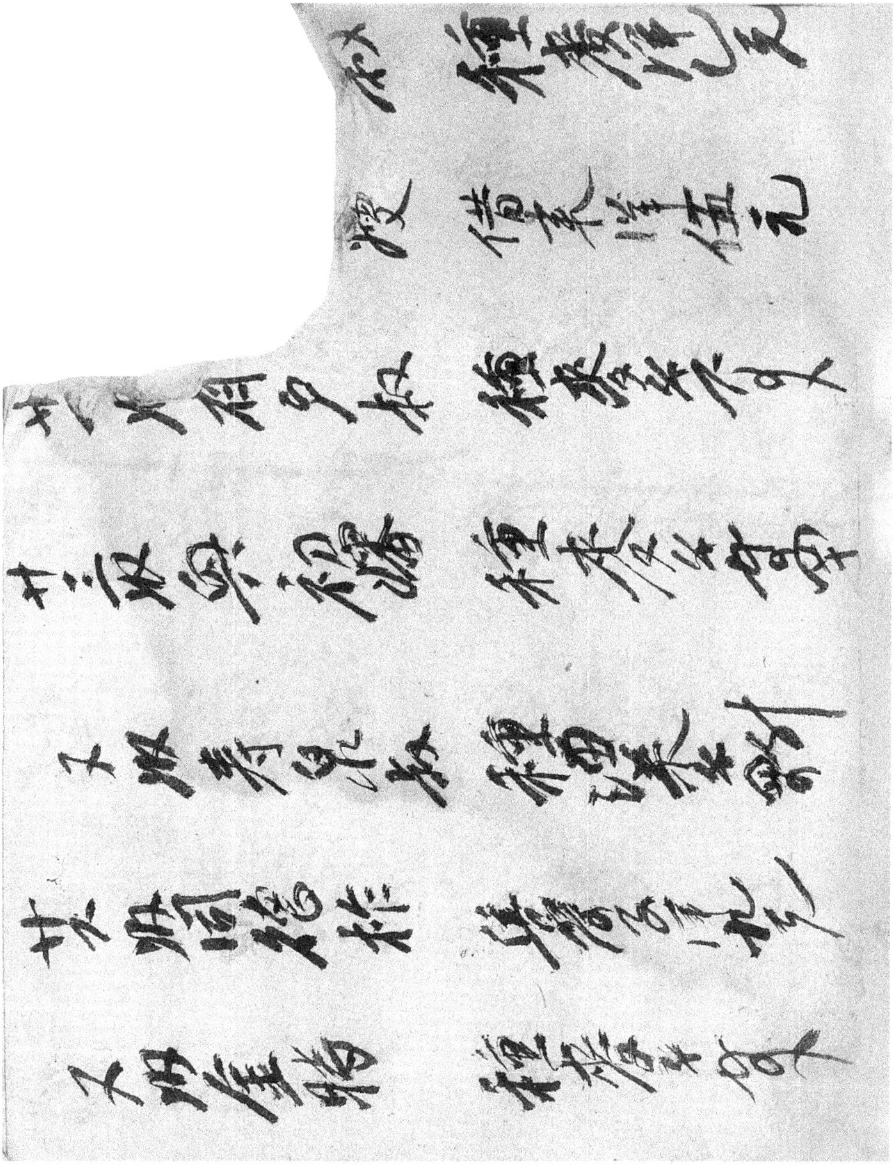

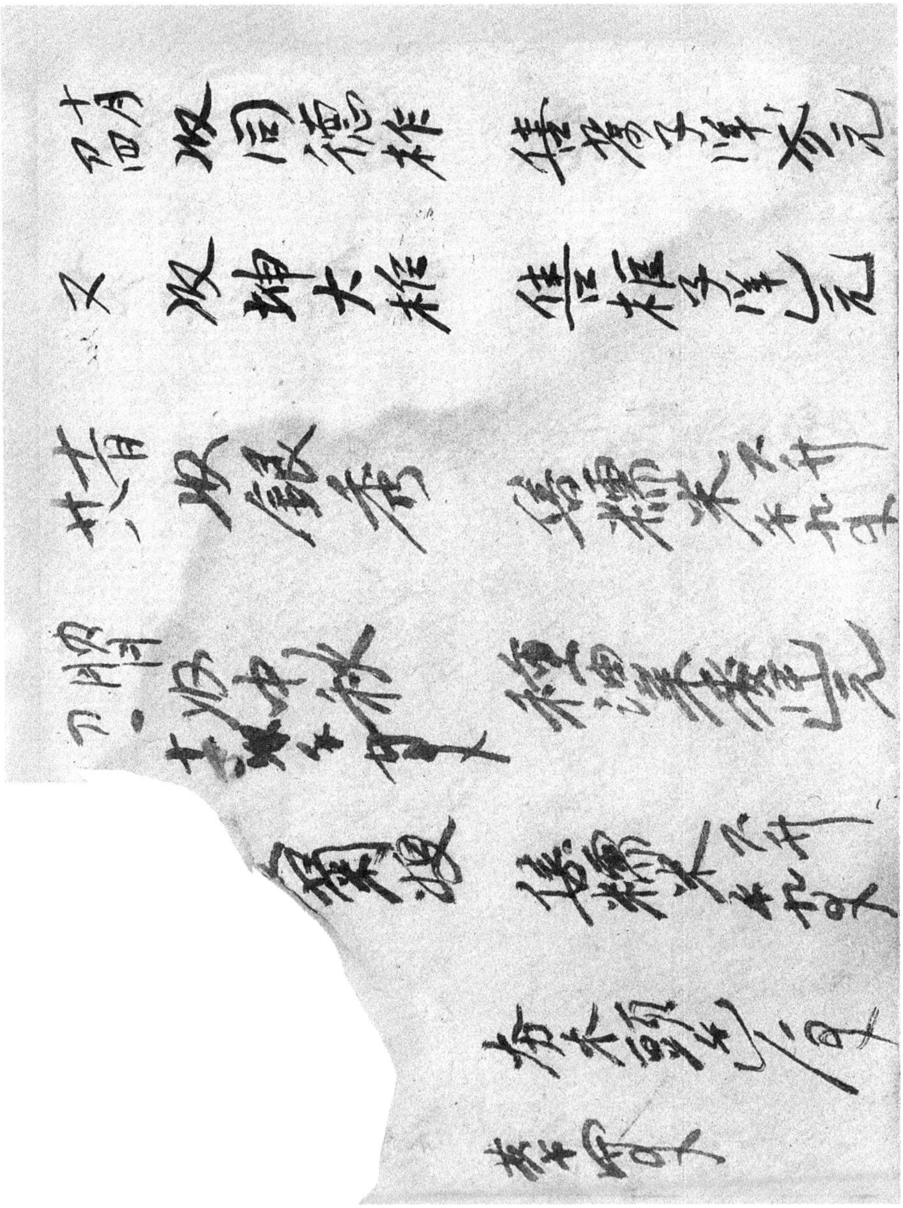

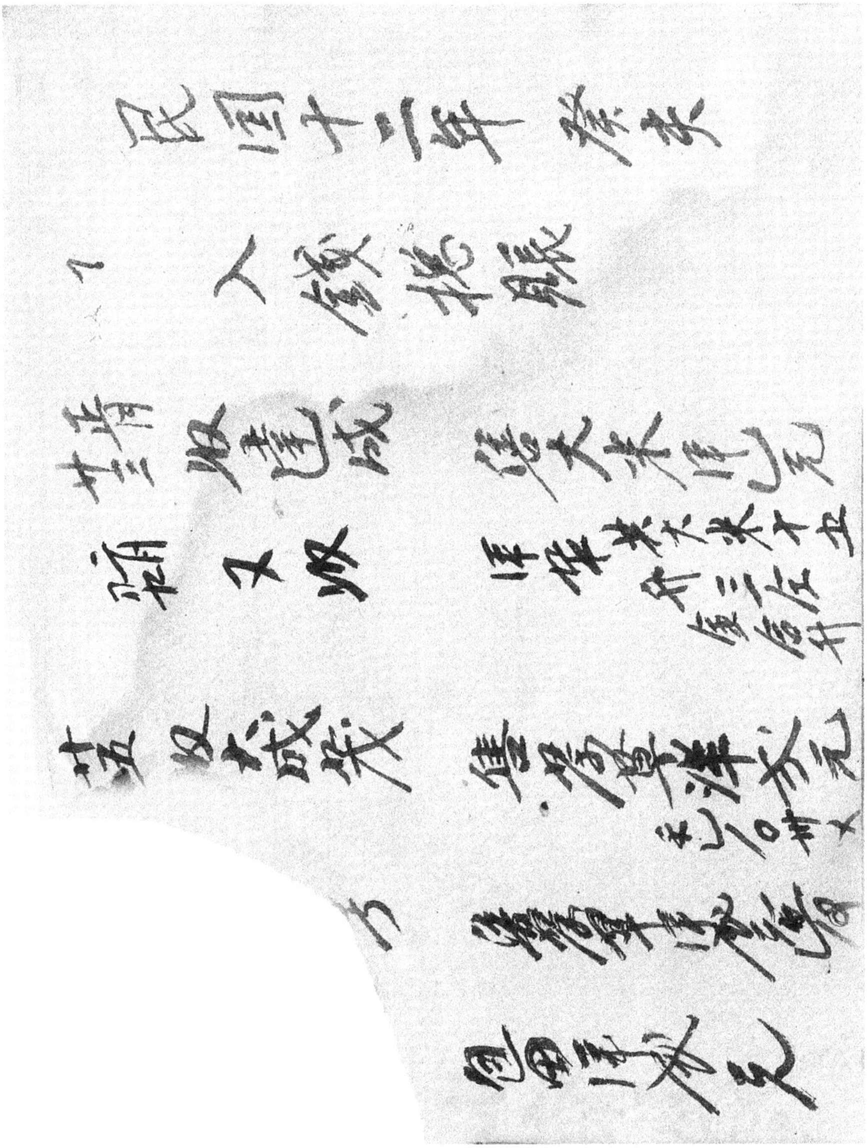
民国十二年 癸亥
入錢總賬

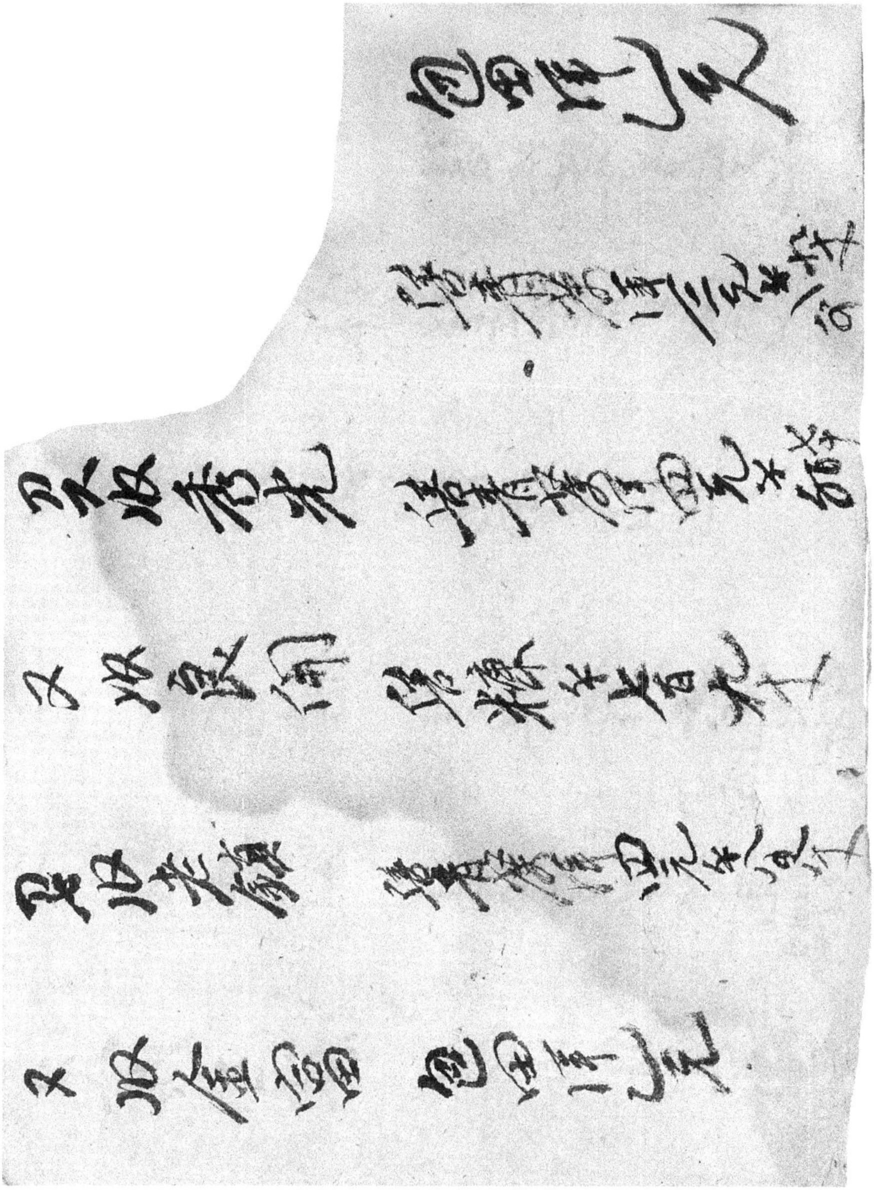

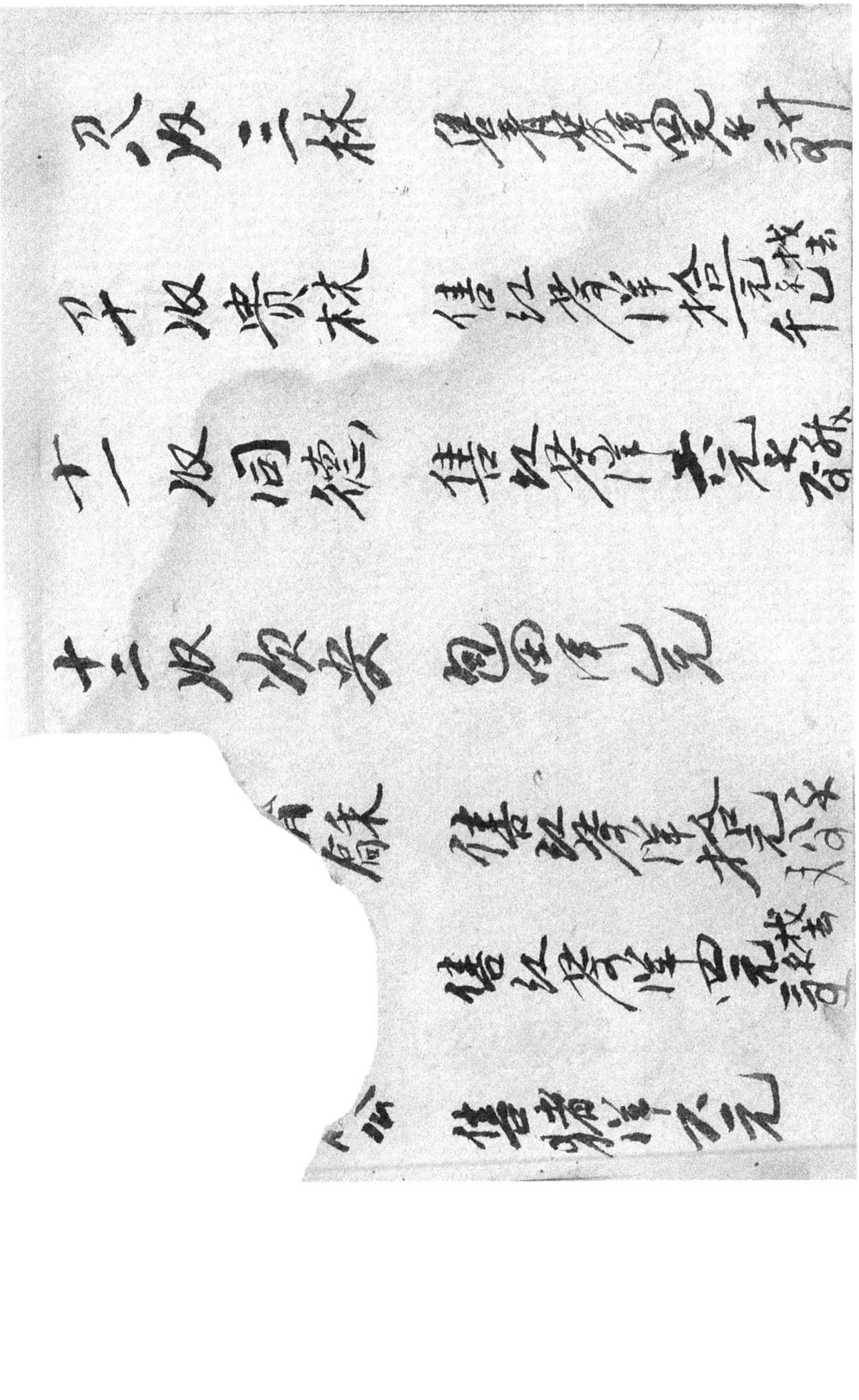
又八收三林 售青茶洋四元
又十收贵林 售红茶洋拾元 找去
十一收同德 售红茶洋六元
十二收次安 包田洋乙元
收　　　　售红茶洋拾元
售红茶洋四元 找去
公 售猪洋六元

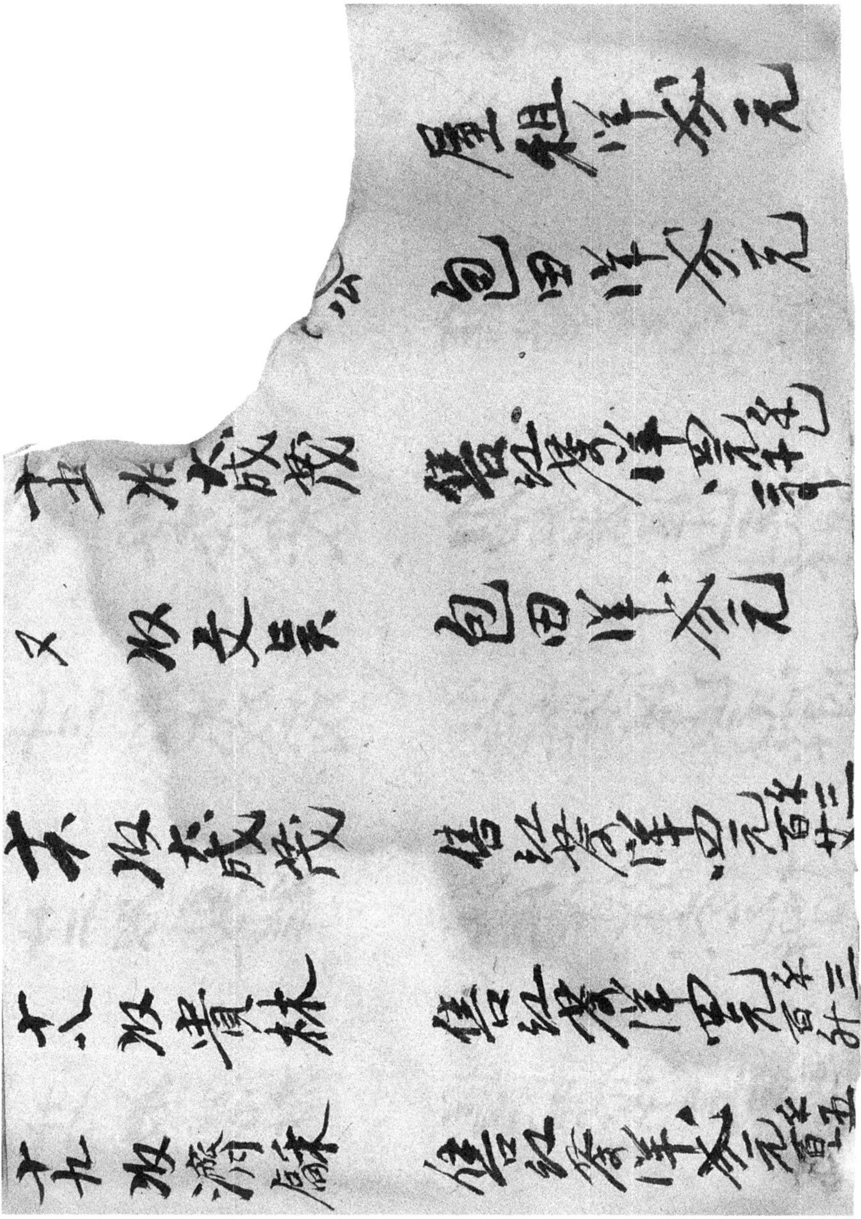
屋租洋[illegible]元
包田洋[illegible]元
[illegible]公
十五 收大成茂 售红茶洋四元[illegible]
又 收文吴 包田洋[illegible]元
十六 收大成茂 售红茶洋四元[illegible]
十八 收贵林 售红茶洋四元[illegible]
十九 收济[illegible] 售红茶洋[illegible]元[illegible]

廿一收榮林 售红茶洋五元

廿二收致祥 售红茶洋叁元

廿三收大成茂 售红茶洋[illegible]元

廿四收大成茂 售红茶洋[illegible]元

[illegible]林 售红茶洋[illegible]元

售红茶洋[illegible]元

共洋[illegible]元

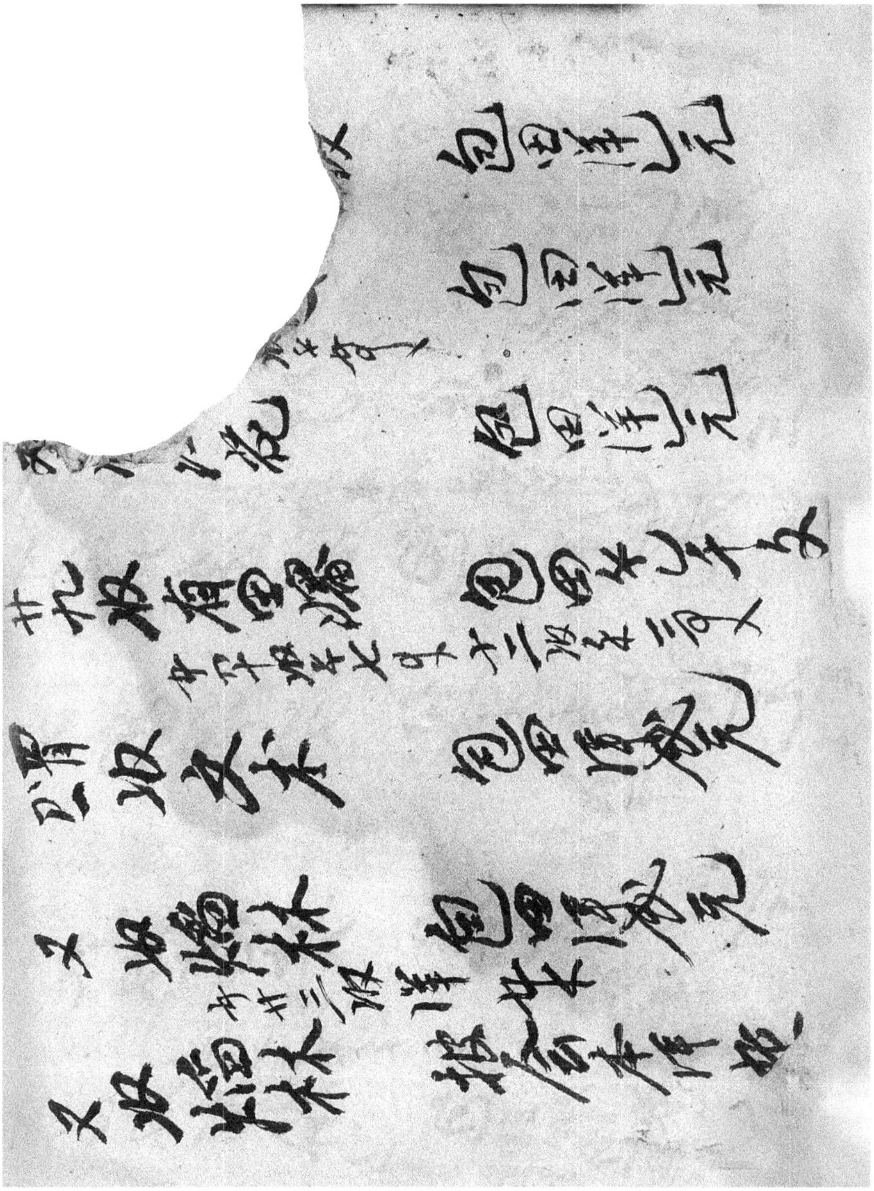

廿四收柏松　包田洋〆元
廿十二收米三斗
十九收志實　售大麦洋乙元
〆洋
又收次安　售大麦洋乙元
〆洋
廿四收金富　包田洋乙元
廿九八收朱欲母七斗
……祥兄　售茶大青菜洋乙元
三
找麦夏
……　包田洋乙元
……八斗

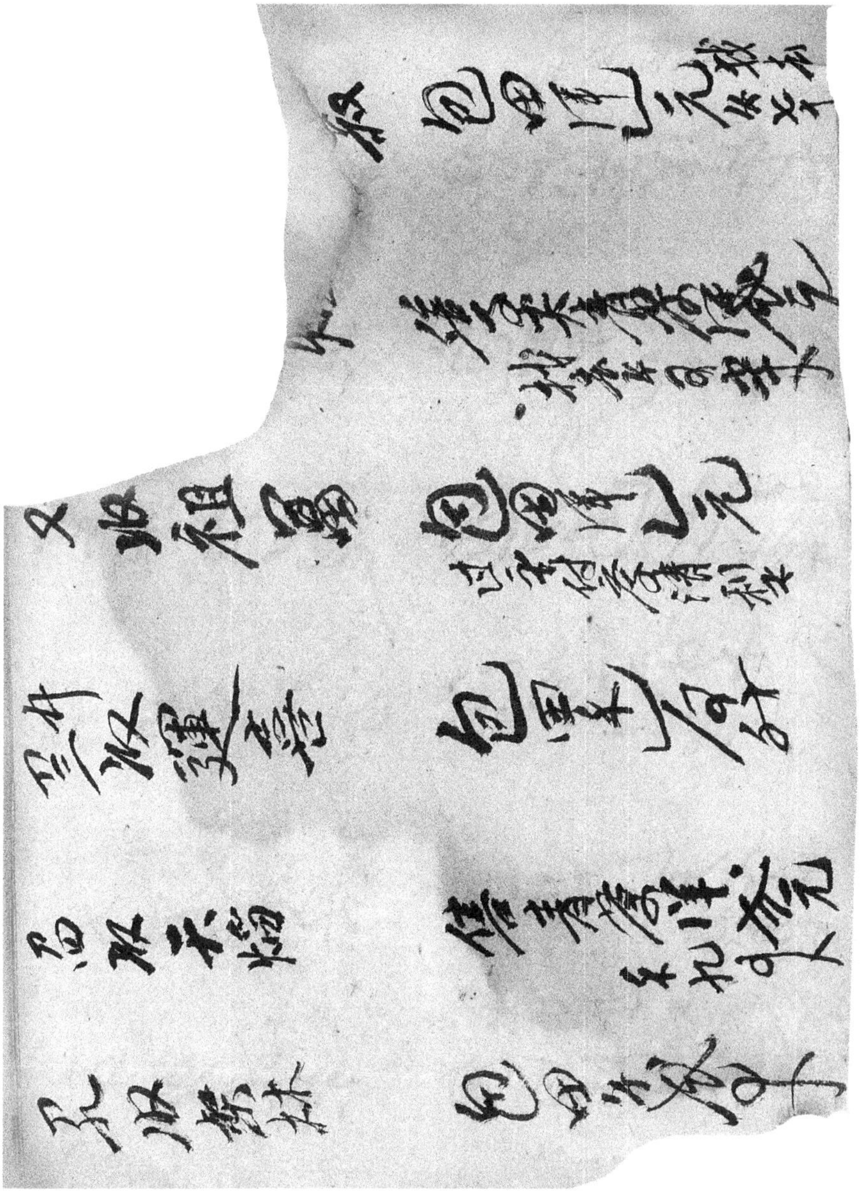

一批

廿八 収李八巣 包田洋乙元 十五双八 七〇九十八

又 収汝安 包田洋乙元 找钱七〇廿

又 収吴翔番 包田洋八分〇十文

十三 収红花 包田洋乙元 找钱八文

贡 包田钱 四〇十八

兄 售大麦洋廿文

付麦田洋

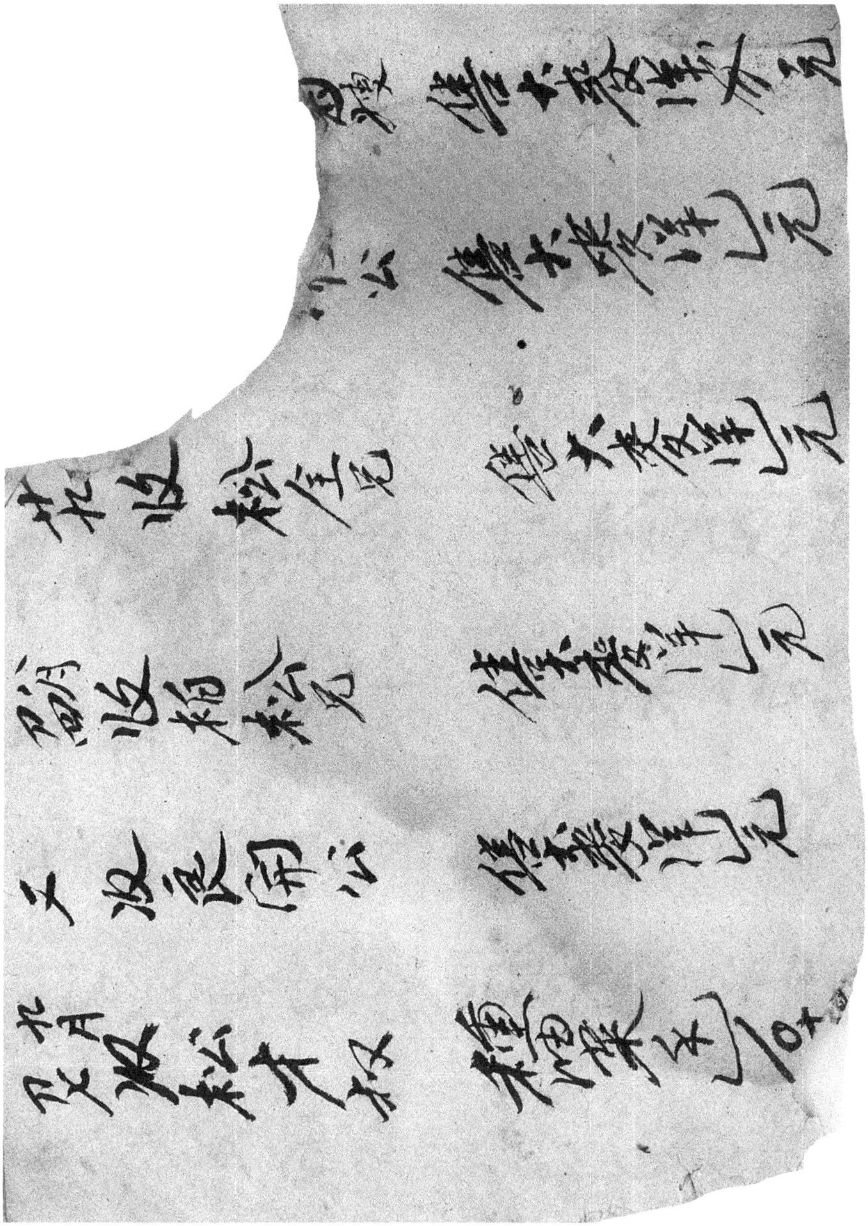

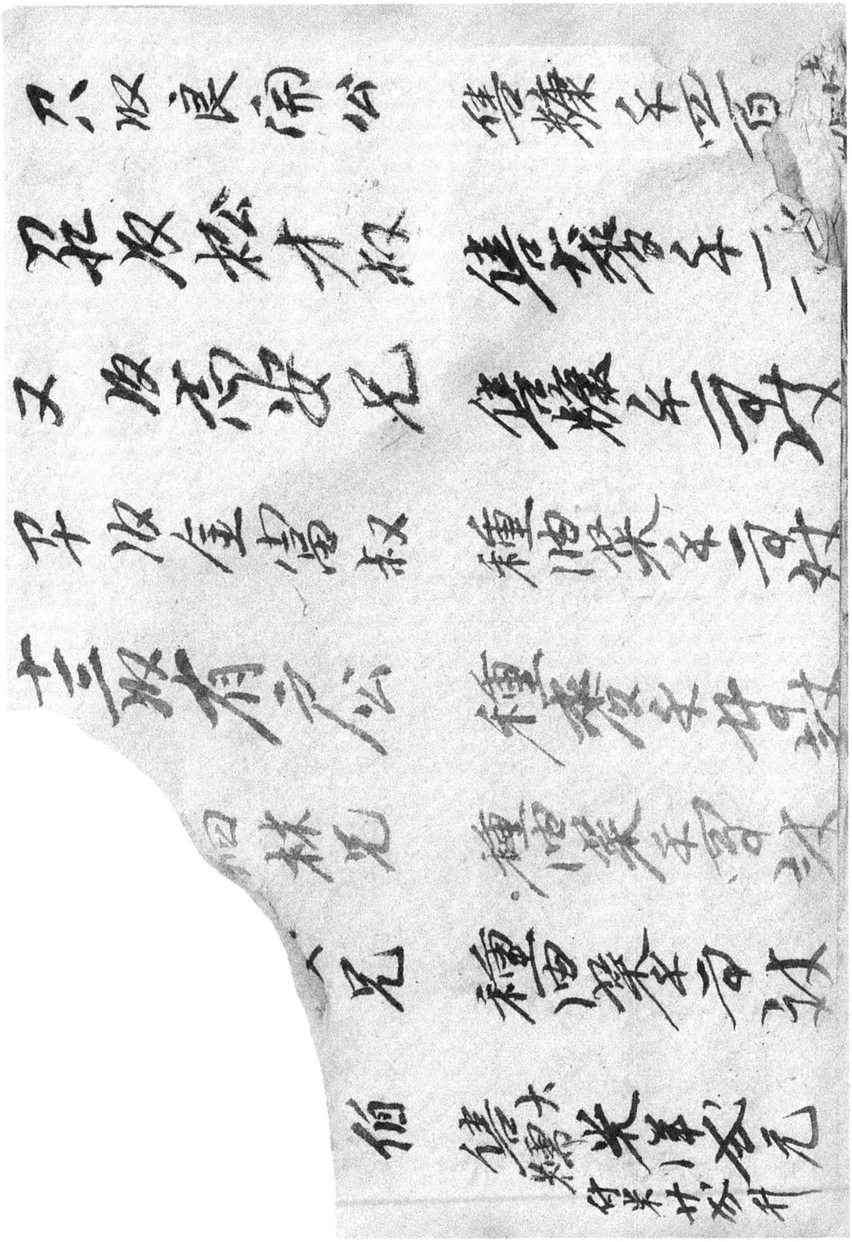

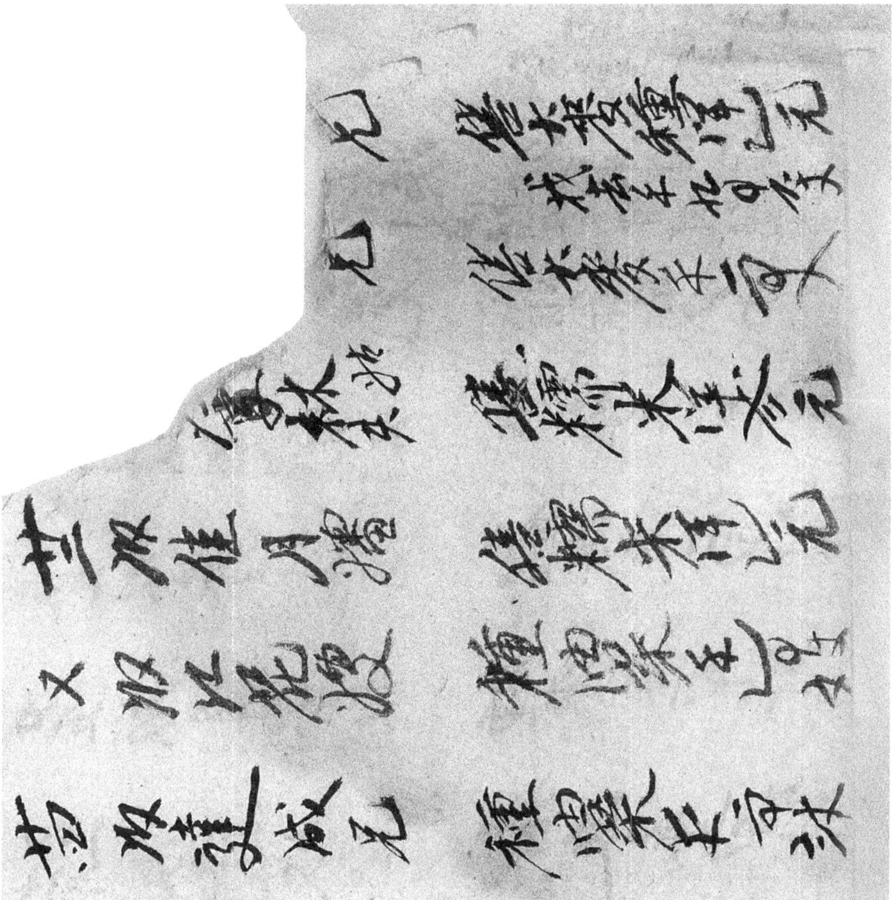

十二月廿二 收同德酒坊 售柜子洋乙[illegible]
十月廿三 收金爱婆 售糯米洋乙元
十二月廿三 收达成兄 翻冬二斤[illegible]文
十二月廿五 收自安叔 种麦斤[illegible]文
廿九 收寿金公 翻冬斤[illegible]文
十[illegible]收良甫公 售糠斤[illegible]文
喜兄 翻冬斤[illegible]文
小焕 廿九千文甲 十二月廿四收斤[illegible] 售米洋乙元 十二月十四收三斤三知
松兄 售糠斤[illegible]文

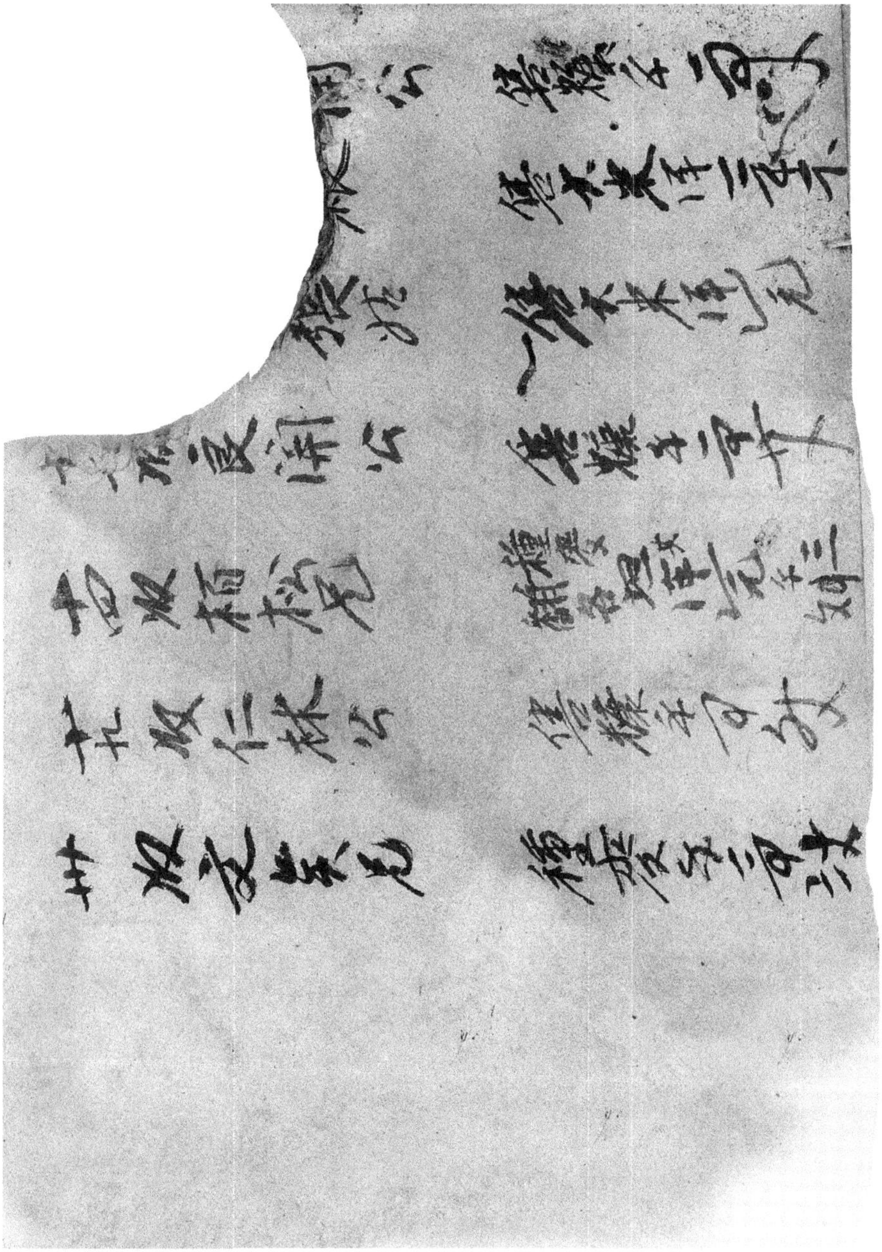

民國拾叁年甲子

入錢總賬

正月廿一收栢松兄　售糯谷四百文

廿五收夏九叔　售糯谷廿十文

廿六收自己 九間　杉木頭洋一元

……開己 九間　杉木頭谷九百文

……林公　售糯谷百文

……婆　售糯谷三百文

……安兄　售糯谷四十文

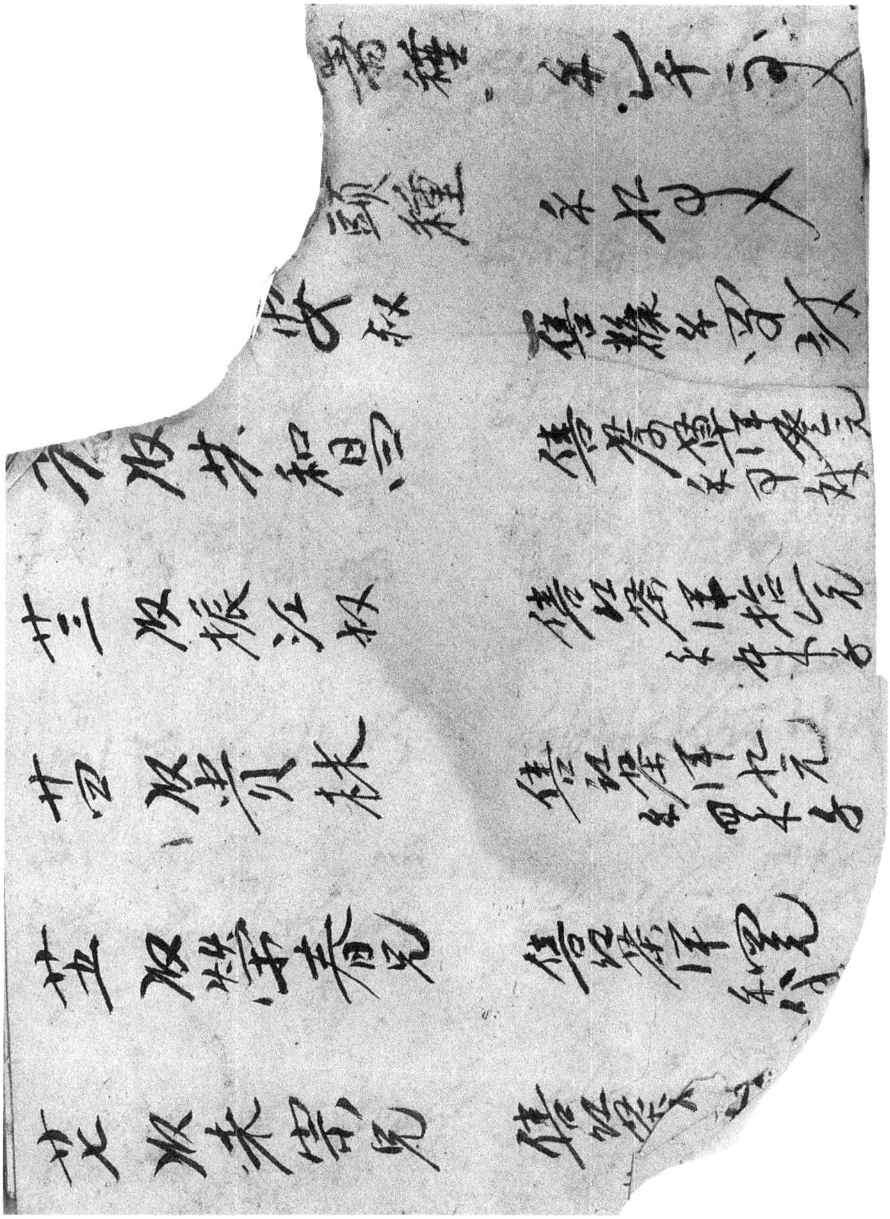

廿六收来宗兄　售红茶洋□元　找

初八收三林兄　售红茶洋三元

廿三收来宗兄　售青茶洋三元

廿三收集成号　售红茶洋□元

[illegible]收三林兄　售青茶洋□元

[illegible]二兄　售红茶洋□元

[illegible]兄　售红茶洋□元

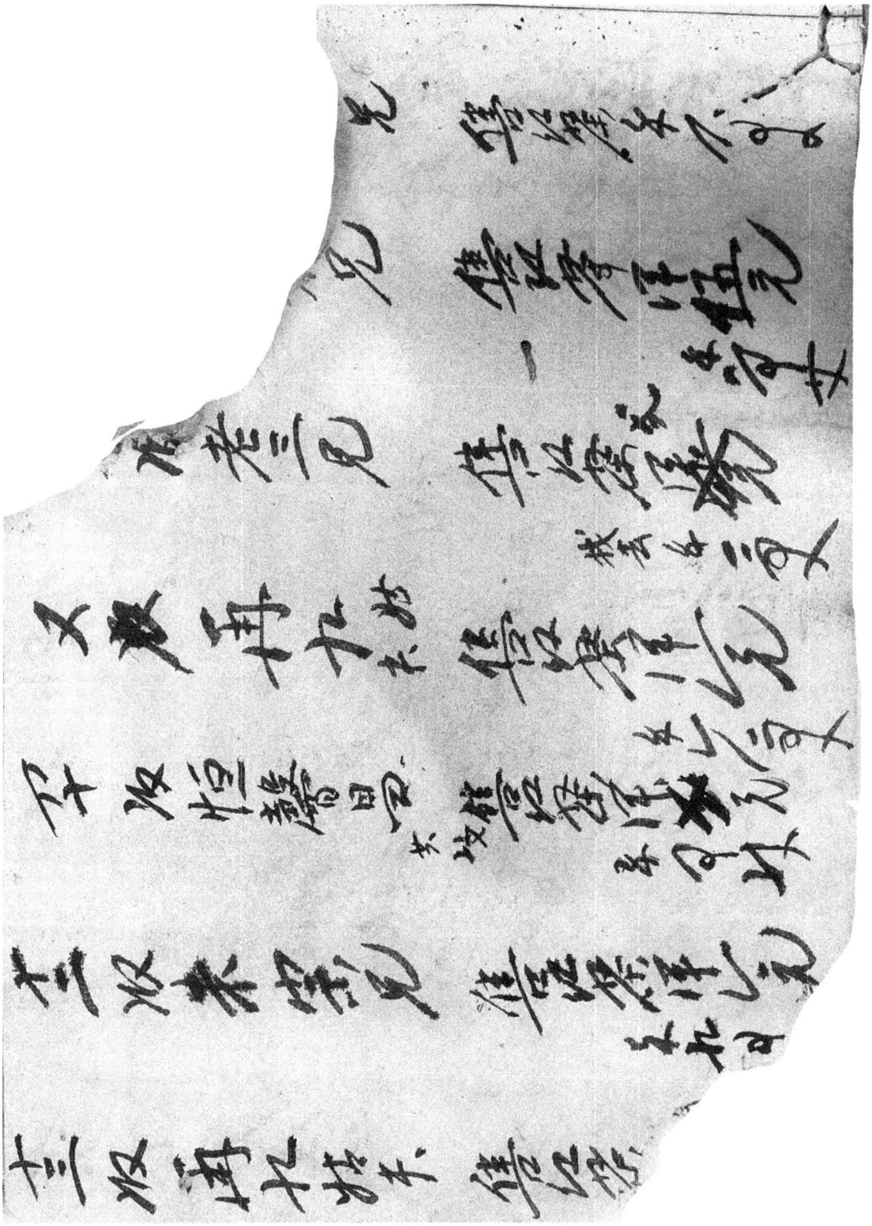

十六　收寿全公　包田租[illegible]　艾栈去年欠[illegible]

又　收隆茂昌　售红茶洋〡元　[illegible]

又　收隆茂昌　售红茶〡[illegible]

三月廿五　收润安叔　屋租洋〡元

[illegible]福林兄　披会本洋[illegible]　母親收

收[illegible]兄　包田租洋〡元　付糯米四升

[illegible]　售糯米洋[illegible]

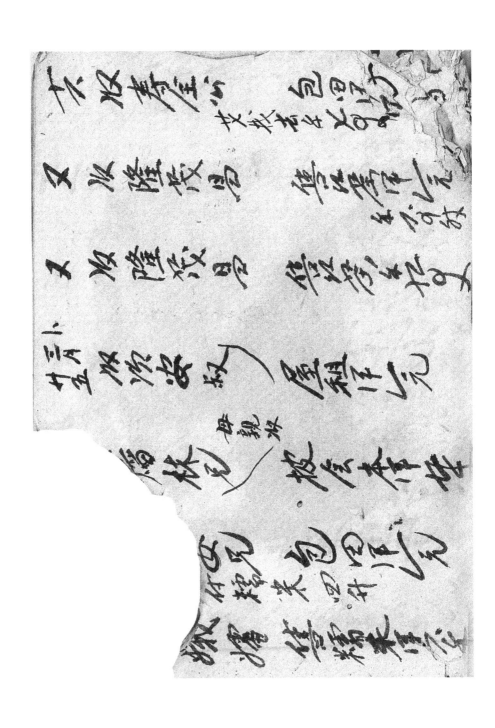

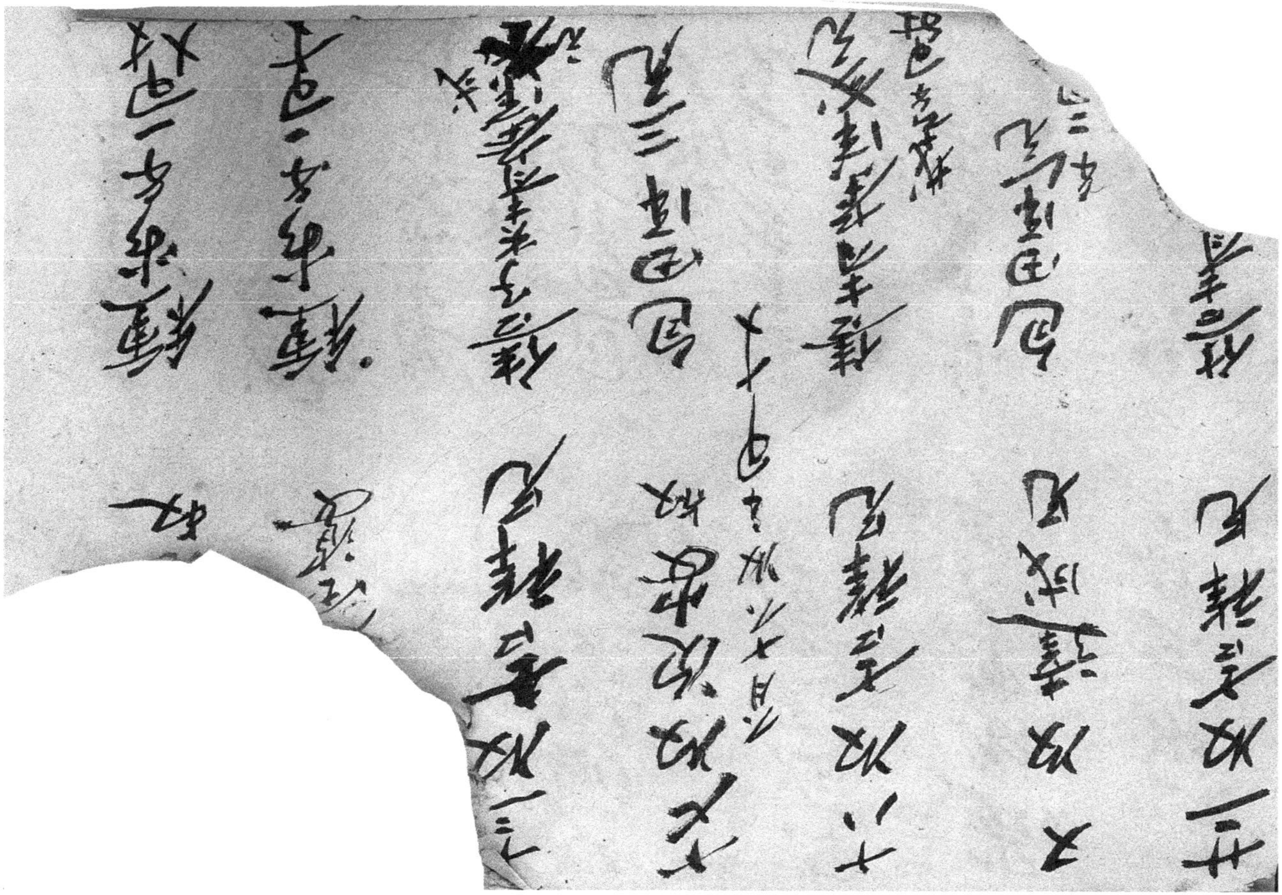

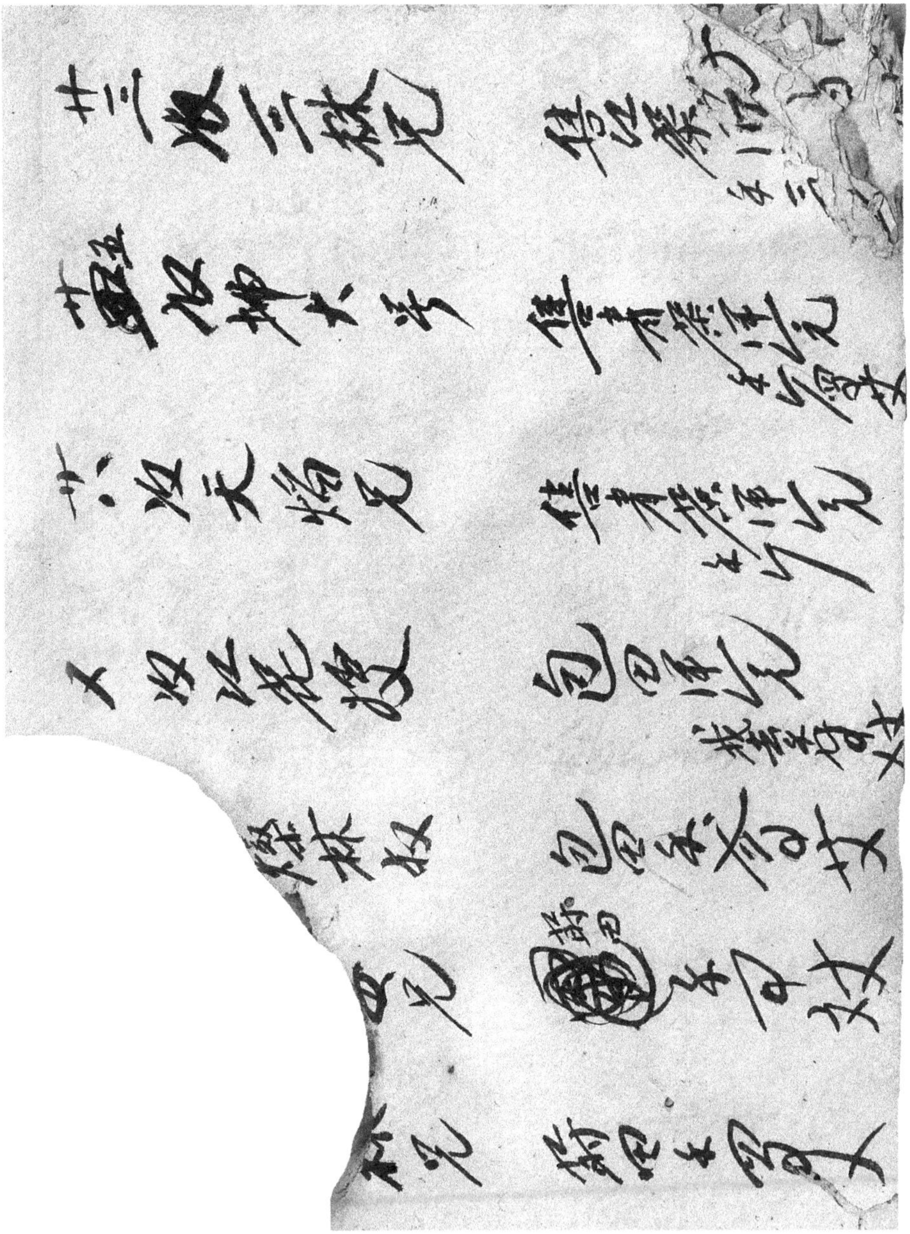

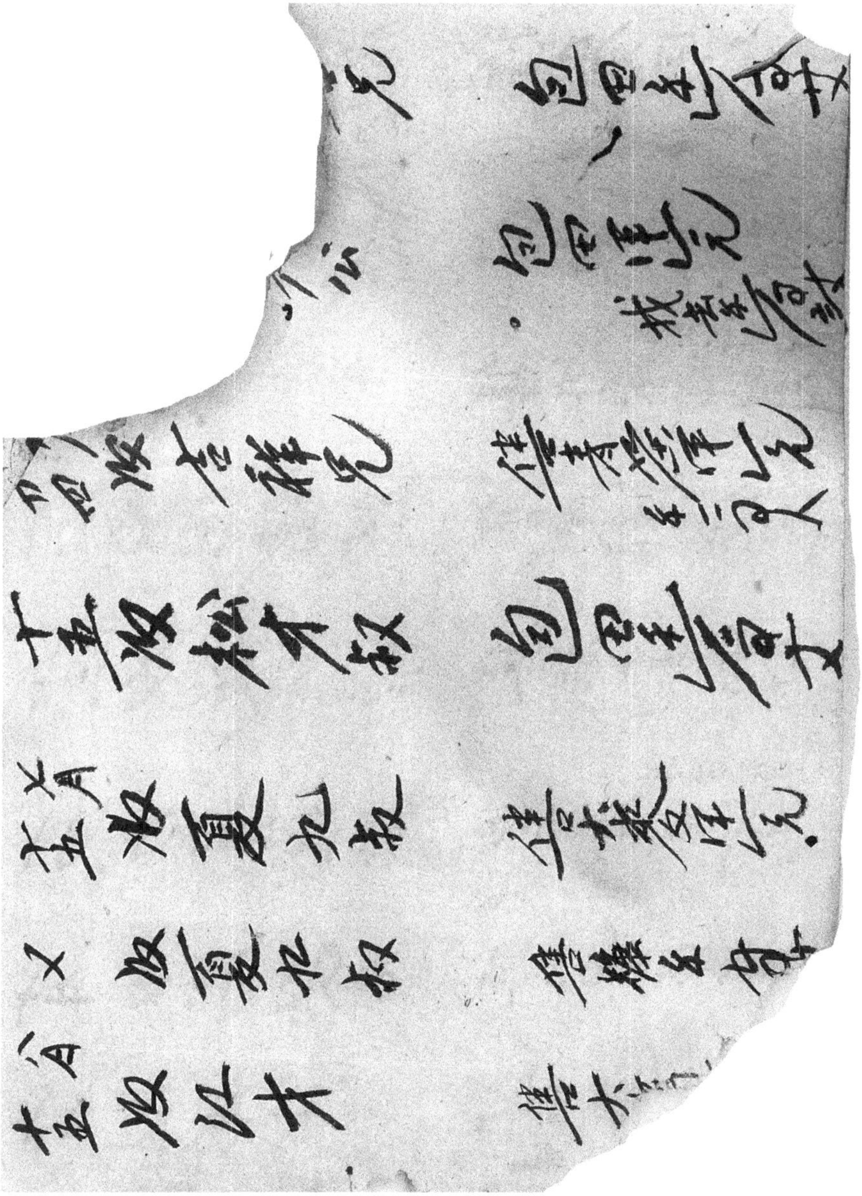
……兄　包田[illegible]文
……公　包田[illegible]元　找[illegible]
……收吉祥兄　售青茶[illegible]元
十五收松才叔　包田[illegible]文
七月十五收夏九叔　售大麦[illegible]元
又收夏九叔　售糠[illegible]
八月十五收江才　售大[illegible]

廿五 收佛水舅 售大麦[illegible]

廿六 收志安兄 未收 售大麦洋[illegible]元

廿四 收贵林 全收腊月廿四收 售大麦洋[illegible]元 存麦[illegible]

廿三 收致祥栈 售茶子洋伍元

廿四 收同德栈 售茶子洋伍元

神四兄 售大麦洋[illegible]元 找去[illegible]七百[illegible]文

文兄 售糠[illegible]文

栈 售茶子洋[illegible]元

手伯 種麦洋[illegible]元

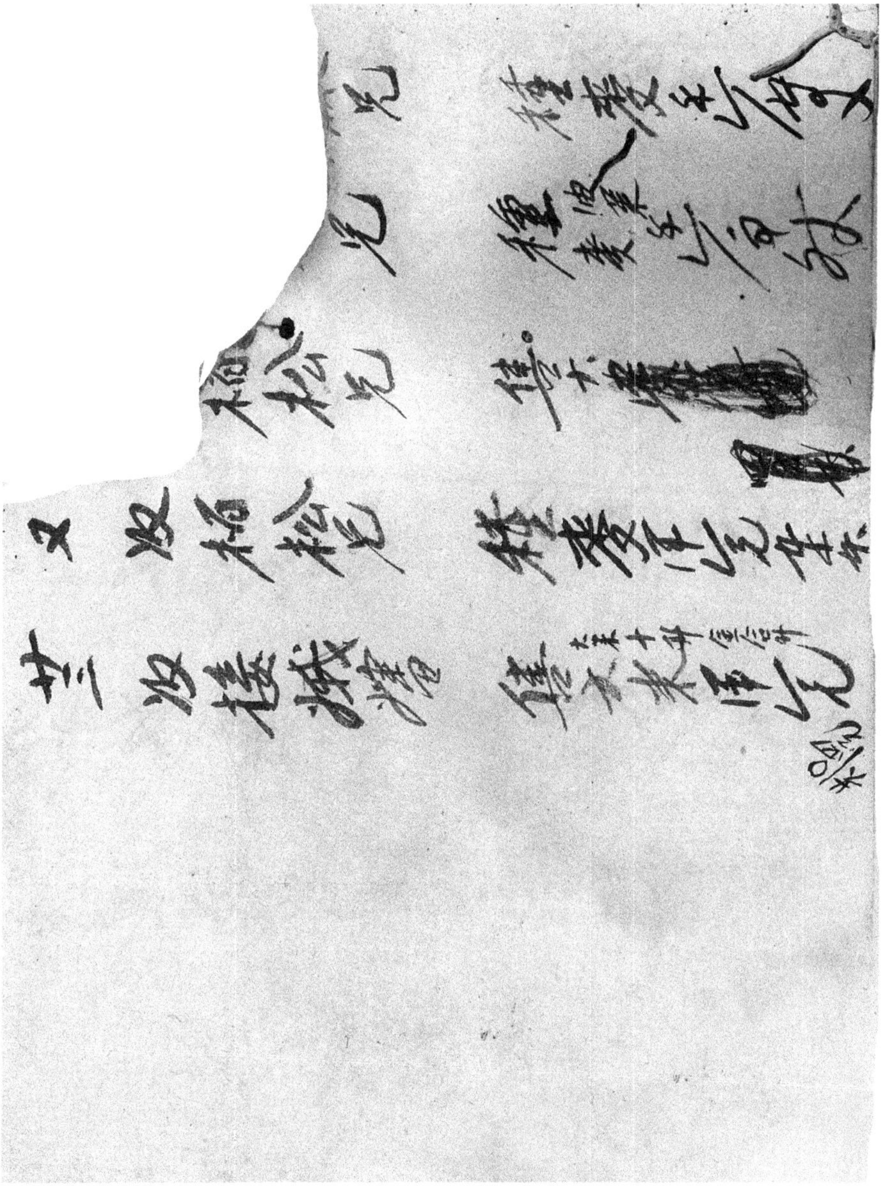

民國拾四年乙丑

入錢總賬

三月初六收松才叔　借來洋伍元

初十收運明　借來洋乙元

又收柏松兄、樓娥嬸　售糠千八百文

合九叔　售糠千二百文

□叔　售糠千三百文

□叔　售紅茶洋五元

叔　售红茶洋八元

盛号　售青茶洋叁元

十一收裕盛祥莊　售红茶洋六元

十三收貴林　售红茶洋四元

十四收裕盛祥莊　售红茶洋八元

又收石子源放子　售红茶洋七元

十五收裕盛祥莊　售红茶

又收寿全公　包田[illegible]

十六收振江叔　售红茶洋八元[illegible]

十七收裕修兄　售红茶洋七元[illegible]

十八收裕盛祥莊　售红茶洋九元[illegible]

十九收秀光号　售青茶洋[illegible]元[illegible]

[illegible]光号　售青茶洋[illegible]元[illegible]

[illegible]祥莊　售红茶洋[illegible]元[illegible]

[illegible]号　售青茶洋[illegible]元

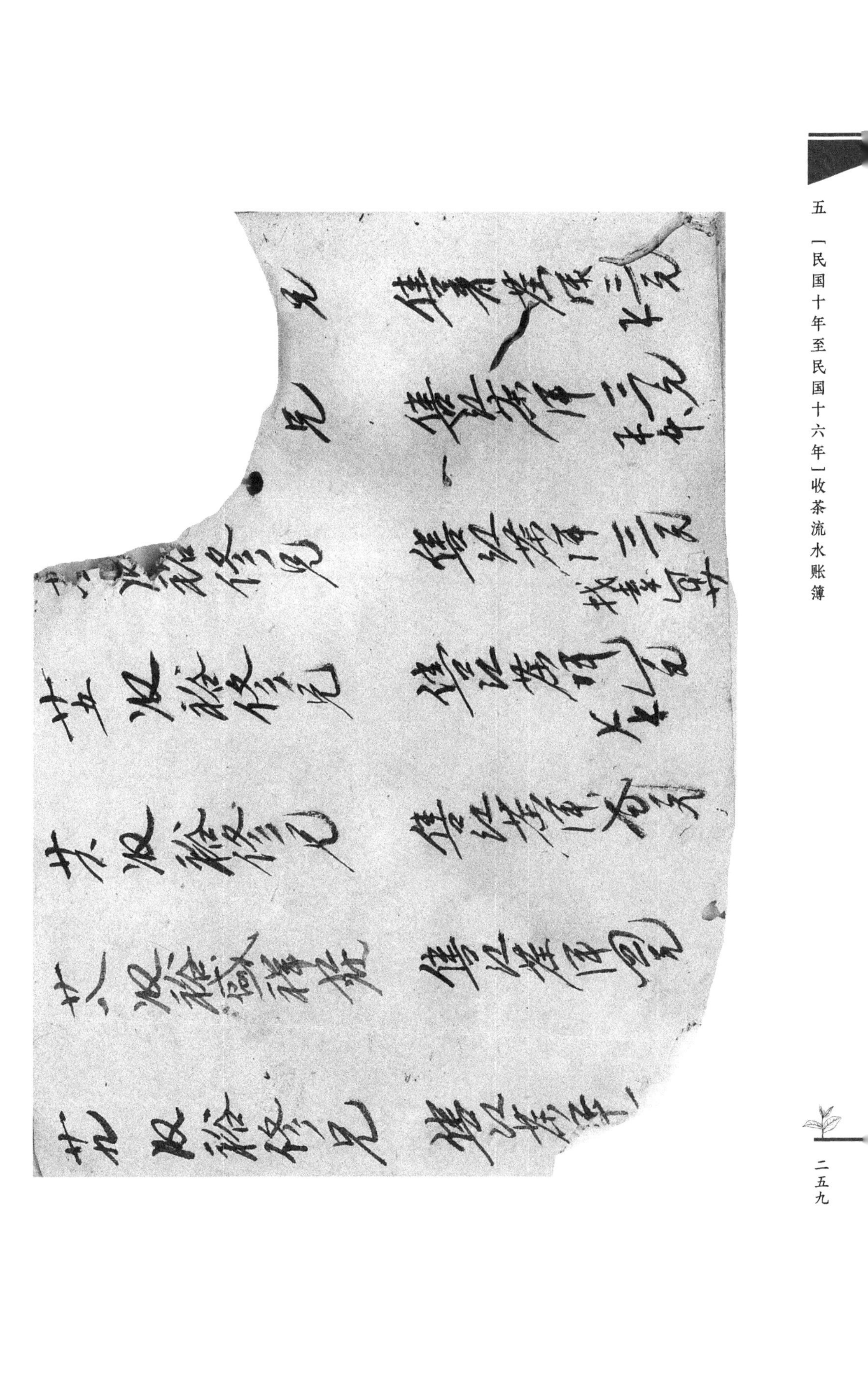

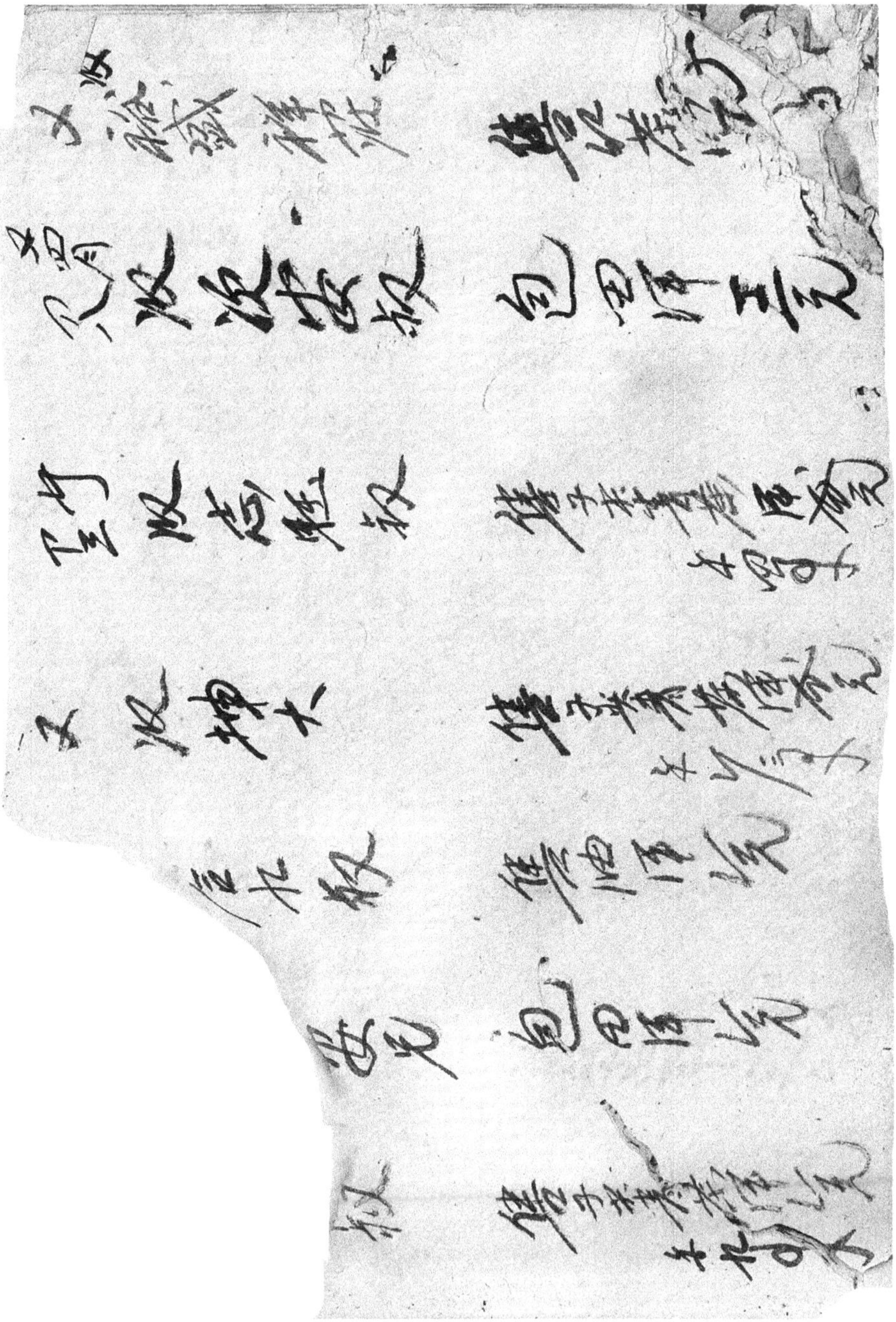

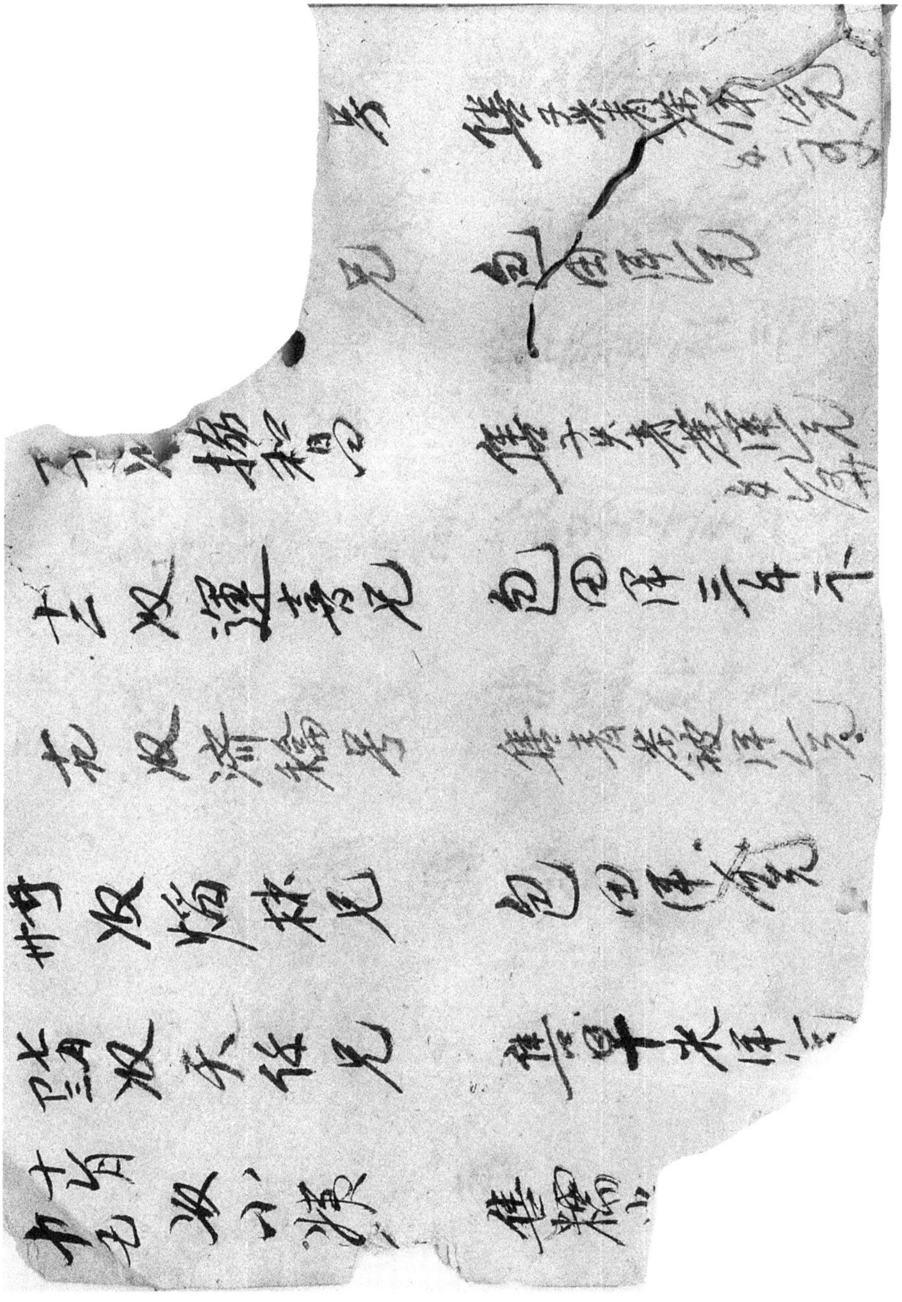

腊月廿三收紹亮號　借來[illegible]

[illegible][illegible]拾五年丙寅立

入錢總賬

二月廿八收利貴兄　售糖洋[illegible]元　計糖仕肆斤

又收義盛祥號　售茶草洋七元

[illegible]洋号　售茶草洋三元

[illegible]仟號　售茶草洋[illegible]元

[illegible]茂　售紅茶洋[illegible]元　一千

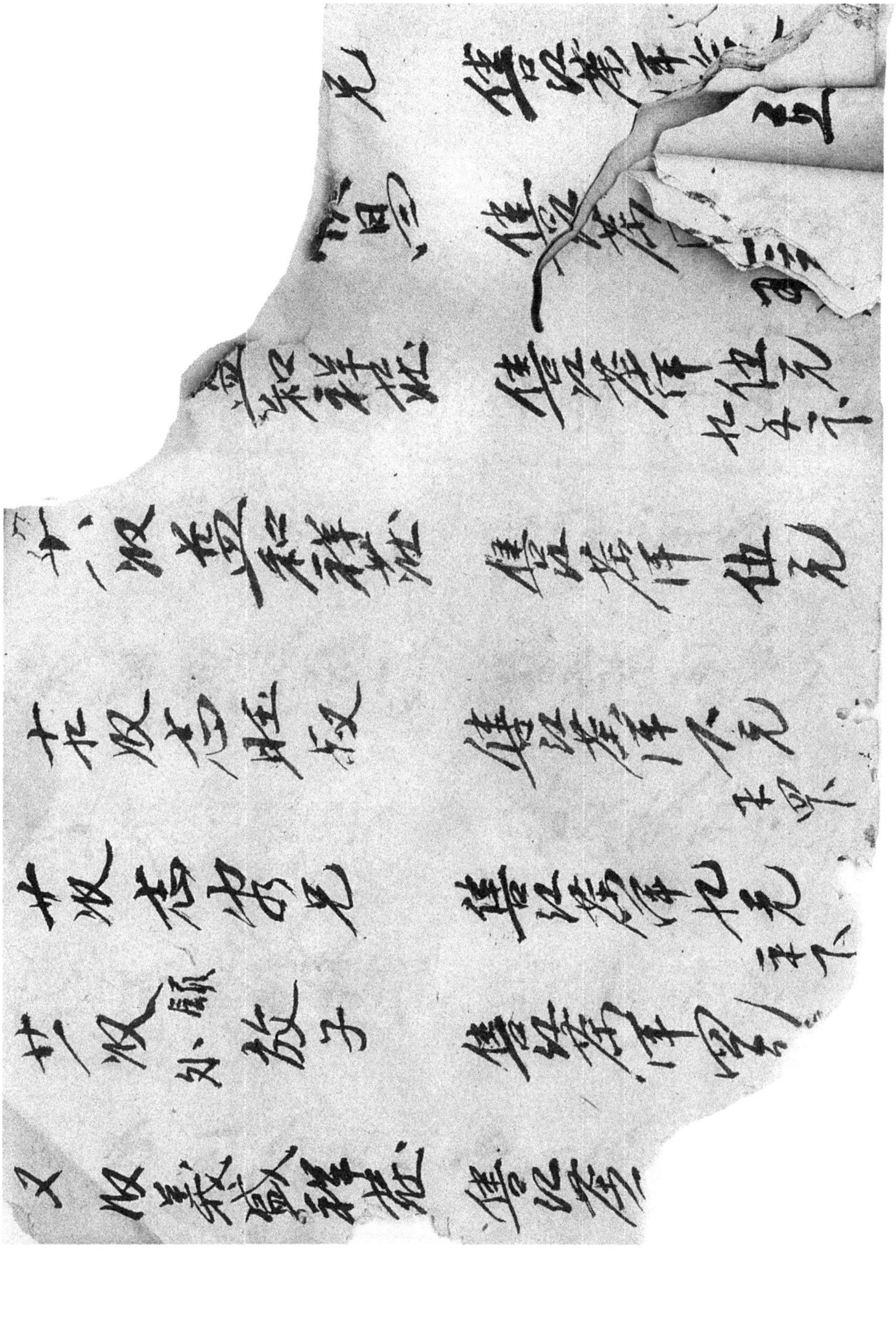

廿三 收同德号 售红茶[illegible]

廿四 收益和祥庄 售红茶洋[illegible]元

廿五 收外放子（令） 售红茶洋[illegible]元 [illegible]

廿六 收益和隆庄 售红茶洋[illegible]元

又 收松泉兄 包田洋[illegible]元

人熠兄 售红茶洋[illegible]元 [illegible]

昌 售红茶洋[illegible]元

兄 售红茶洋[illegible]元

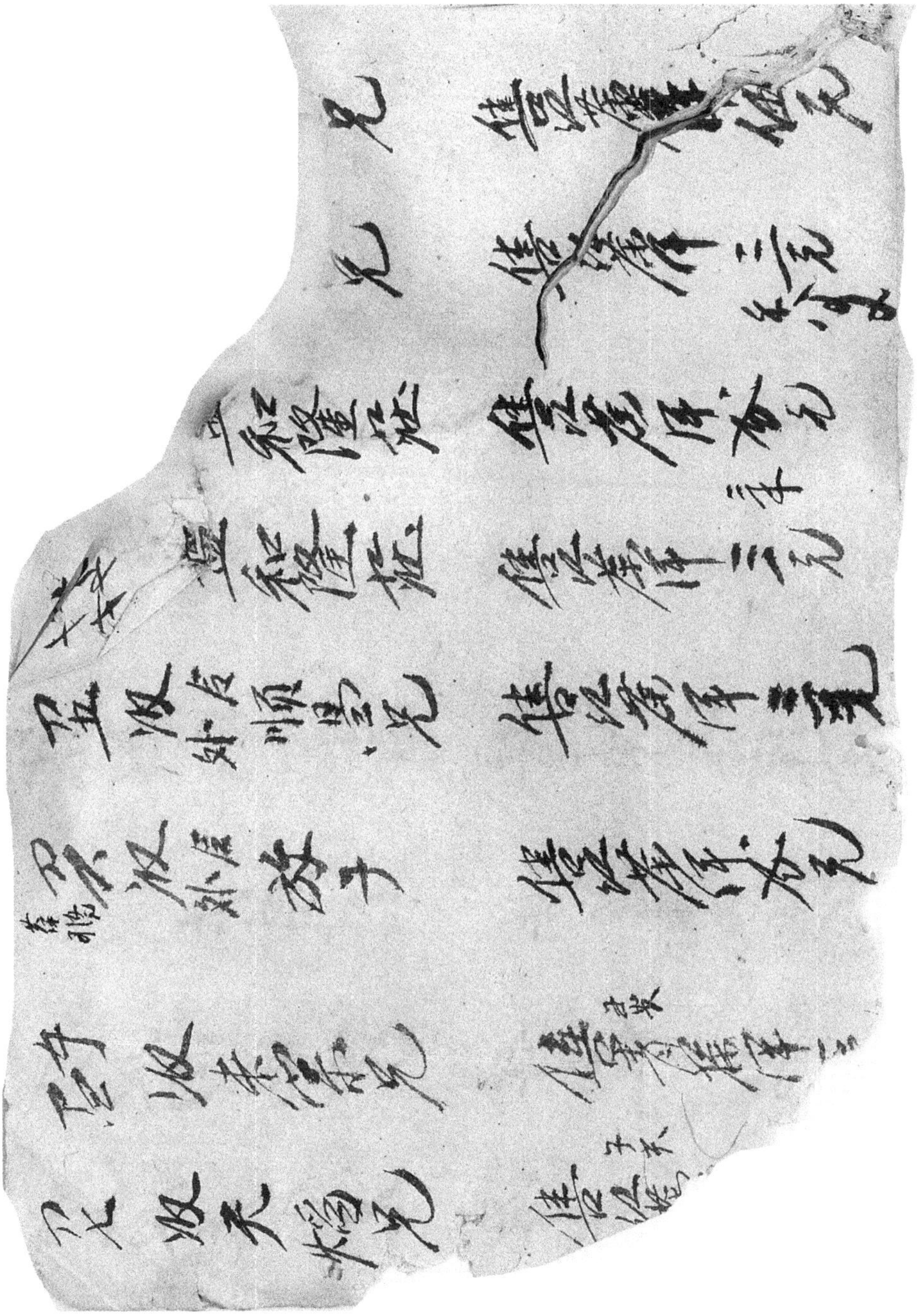

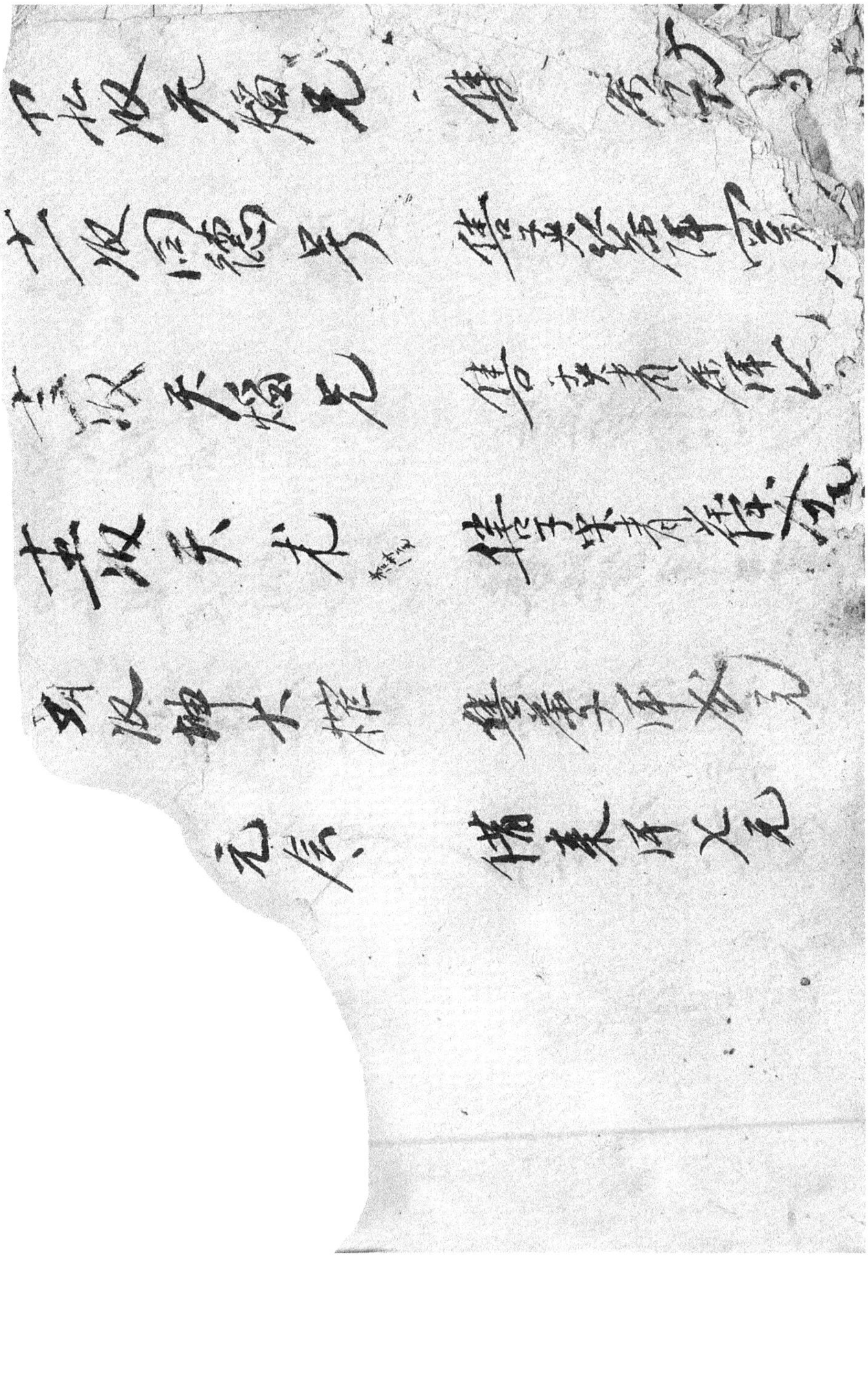

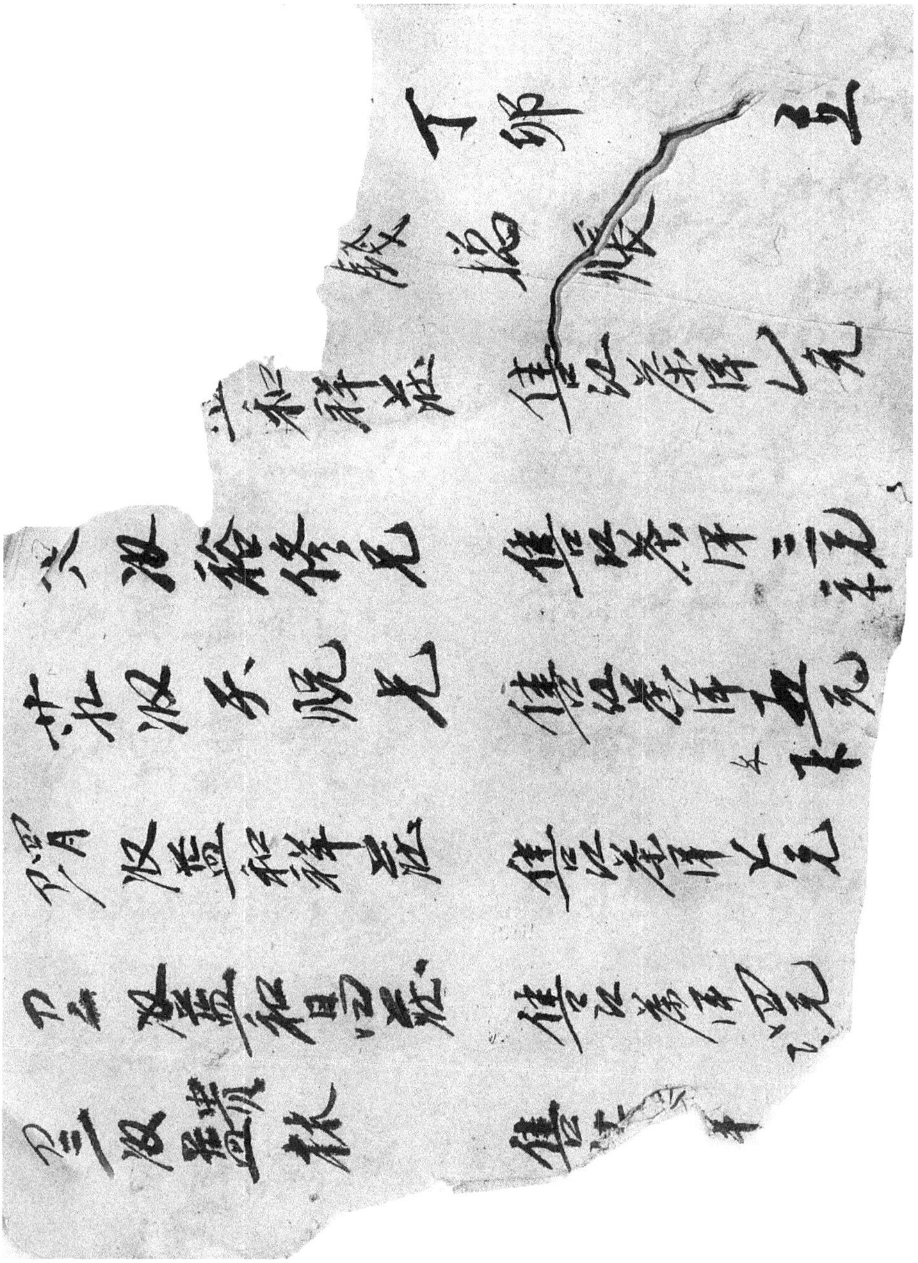

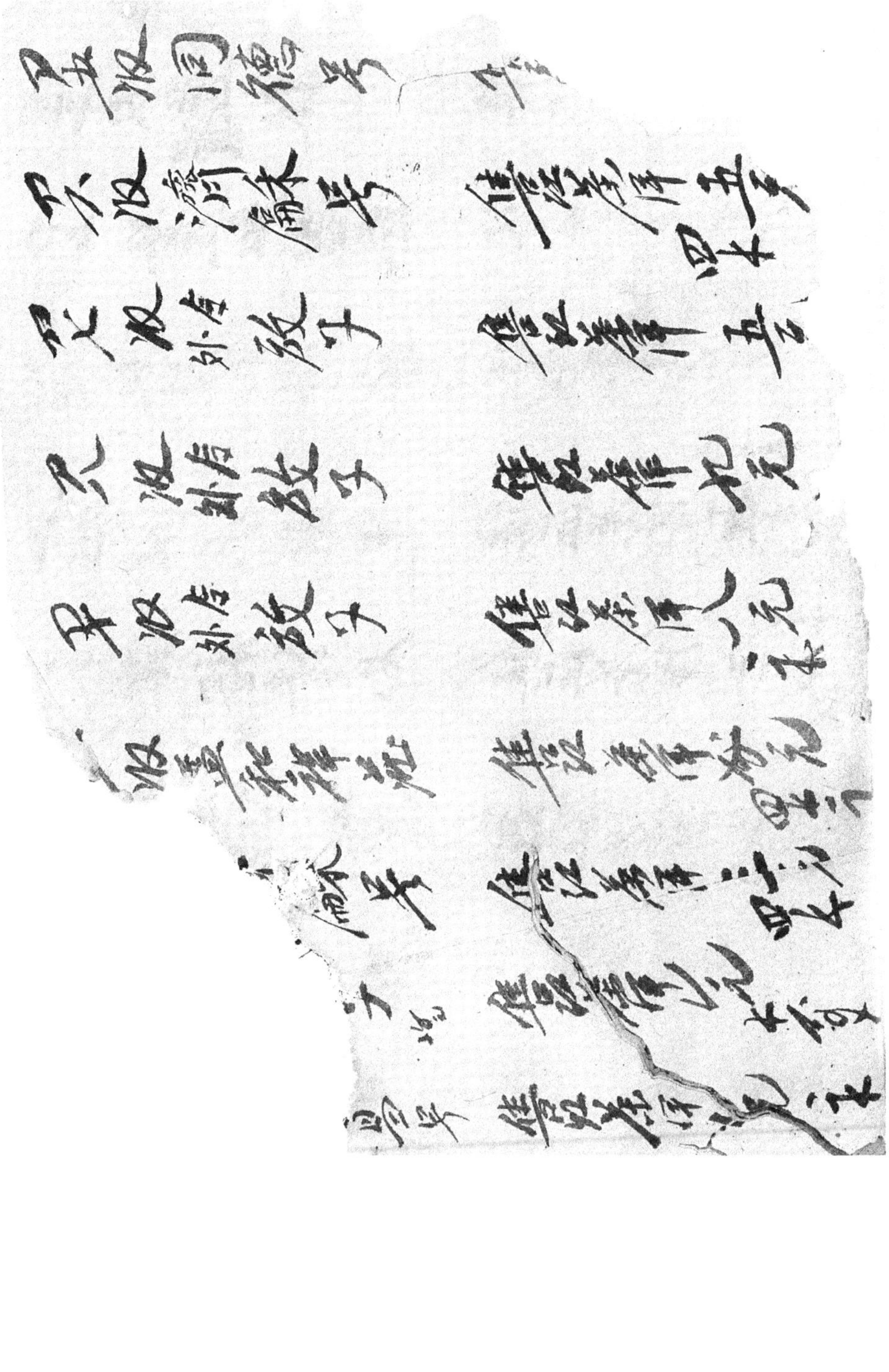

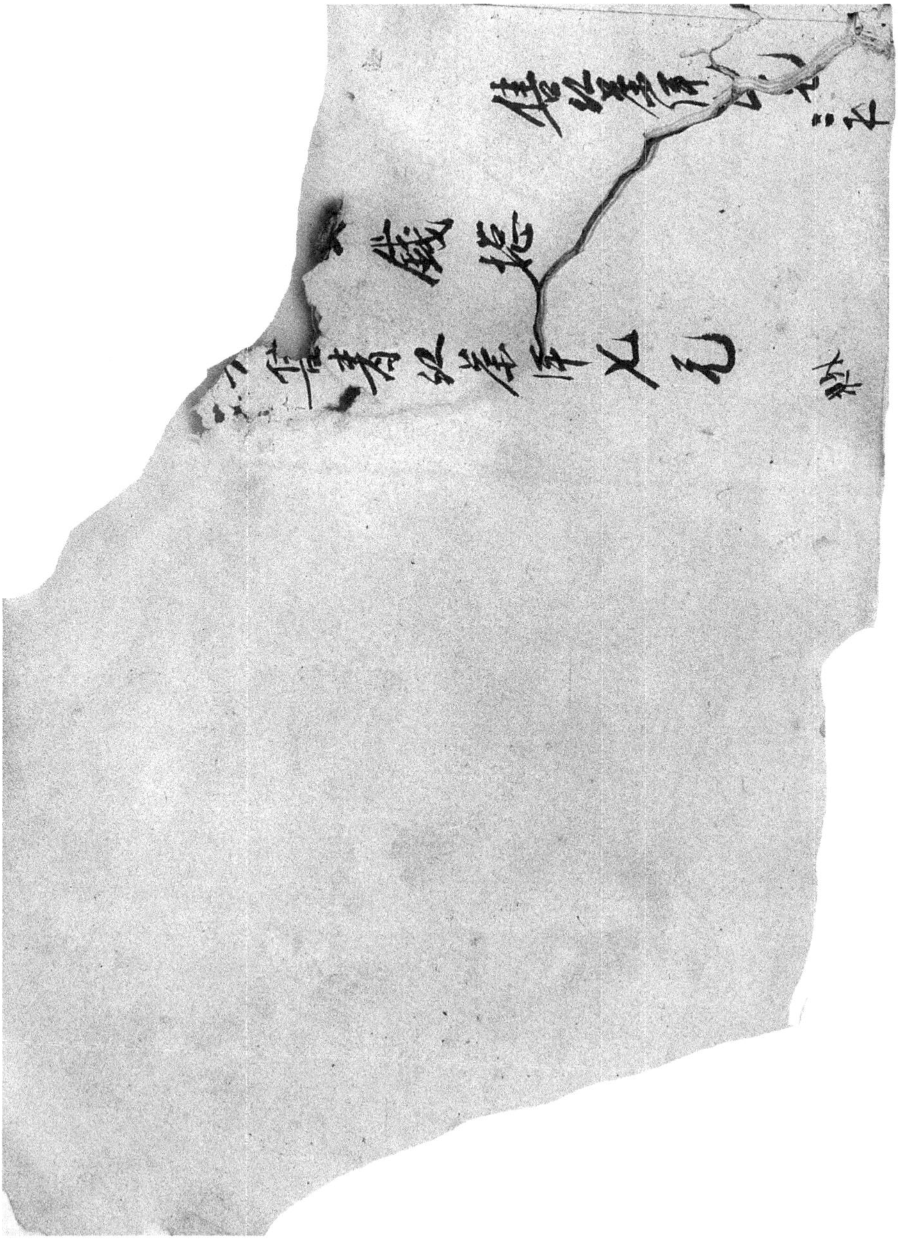

后　记

本丛书虽然为2018年度国家出版基金资助项目，但资料搜集却经过十几年的时间。笔者2011年的硕士论文为《茶业经济与社会变迁——以晚清民国时期的祁门县为中心》，其中就搜集了不少近代祁门红茶史料。该论文于2014年获得安徽省哲学社会科学规划后期资助项目，经过修改，于2017年出版《近代祁门茶业经济研究》一书。在撰写本丛书的过程中，笔者先后到广州、合肥、上海、北京等地查阅资料，同时还在祁门县进行大量田野考察，也搜集了一些民间文献。这些资料为本丛书的出版奠定了坚实的基础。

2018年获得国家出版基金资助后，笔者在以前资料积累的基础上，多次赴屯溪、祁门、合肥、上海、北京等地查阅资料，搜集了很多报刊资料和珍稀的茶商账簿、分家书等。这些资料进一步丰富了本丛书的内容。

祁门红茶资料浩如烟海，又极为分散，因此，搜集、整理颇为不易。在十多年的资料整理中，笔者付出了很多心血，也得到了很多朋友、研究生的大力帮助。祁门县的胡永久先生、支品太先生、倪群先生、马立中先生、汪胜松先生等给笔者提供了很多帮助，他们要么提供资料，要么陪同笔者一起下乡考察。安徽大学徽学研究中心的刘伯山研究员还无私地将其搜集的《民国二十八年祁门王记集芝茶草、干茶总账》提供给笔者使用。安徽大学徽学研究中心的硕士研究生汪奔、安徽师范大学历史与社会学院的硕士研究生梁碧颖、王畅等帮助笔者整理和录入不少资料。对于他们的帮助一并表示感谢。

在课题申报、图书编辑出版的过程中，安徽师范大学出版社社长张奇才教授非常重视，并给予了极大支持，出版社诸多工作人员也做了很多工作。孙新文主任总体负责本丛书的策划、出版，做了大量工作。吴顺安、郭行洲、谢晓博、桑国磊、祝凤霞、何章艳、汪碧颖、蒋璐、李慧芳、牛佳等诸位老师为本丛书的编辑、校对付出了不少心血。在书稿校对中，恩师王世华教授对文字、标点、资料编排规范等内容进行全面审订，避免了很多错误，为丛书增色不少。对于他们在本丛书出版中所做的工作表示感谢。

本丛书为祁门红茶资料的首次系统整理，有利于推动近代祁门红茶历史文化的研究。但资料的搜集整理是一项长期的工作，虽然笔者已经过十多年的努力，但仍有很多资料，如外文资料、档案资料等涉猎不多。这些资料的搜集、整理只好留在今后再进行。因笔者的学识有限，本丛书难免存在一些舛误，敬请专家学者批评指正。

康　健

2020 年 5 月 20 日